VEX VRC 机器人快速入门教程

主　编　尚章华
副主编　赵　昕　张　亚　翟凤顺
参　编　申　浩　张　程　芮　磊　张静宇　党爱民

机械工业出版社
CHINA MACHINE PRESS

本书系统地介绍了 VEX VRC（V5）机器人的搭建及编程。由浅入深，引导式讲解，为机器人逐步添加超声波、红外、视觉、陀螺仪等多种传感器，并通过 C++ 编程实现机器人竞赛所需完成的各种任务功能模块。通过本书的讲解，读者可以轻松掌握 VEX 机器人的软硬件原理、搭建技巧、编程知识和应用实践，从新手快速成长为一名机器人软硬件高手，从而可以参加比赛获得好成绩。同时为后续进一步学习机器人技术、计算机技术打下坚实基础。

本书适合初中以上学习机器人的学生、机器人编程授课老师及机器人爱好者阅读和参考。

图书在版编目（CIP）数据

VEX VRC 机器人快速入门教程 / 尚章华主编.
北京：机械工业出版社，2025. 3. -- ISBN 978-7-111-77921-6
Ⅰ．TP242.2
中国国家版本馆 CIP 数据核字第 2025QB3087 号

机械工业出版社（北京市百万庄大街 22 号　邮政编码 100037）
策划编辑：林　桢　　　　　责任编辑：林　桢
责任校对：贾海霞　李　杉　　封面设计：鞠　杨
责任印制：刘　媛
北京富资园科技发展有限公司印刷
2025 年 5 月第 1 版第 1 次印刷
184mm×260mm · 9.25 印张 · 230 千字
标准书号：ISBN 978-7-111-77921-6
定价：79.00 元

电话服务　　　　　　　　网络服务
客服电话：010-88361066　机　工　官　网：www.cmpbook.com
　　　　　010-88379833　机　工　官　博：weibo.com/cmp1952
　　　　　010-68326294　金　书　网：www.golden-book.com
封底无防伪标均为盗版　机工教育服务网：www.cmpedu.com

前　言

作为一位长期致力于机器人教育和辅导的教师，我深知对于初学者而言，一本好的入门教程在掌握新技术和工具时的重要性。

本书专为初学者量身定制，旨在为他们提供一个清晰、系统的学习路径，帮助他们快速掌握 VEX V5 机器人的核心知识和技能。从基础的硬件组成、工具种类、编程环境，到进阶的编程技巧、团队协作方法，本书内容全面、翔实，既符合学生的学习规律，又能满足他们日益增长的学习需求。

在教学过程中，我注重培养学生的实践能力和创新思维。而本书正是这一教学理念的完美体现。书中通过大量的实践案例和项目，鼓励学生亲自动手搭建、编程和调试机器人，让他们在实践中学习、在探索中成长。这种学习方式不仅能够加深学生对知识的理解，还能培养他们的动手能力和解决问题的能力。

VEX V5 不仅仅是一个机器人平台，更是一个激发创造力、培养团队协作能力的强大工具。在这个平台上，你可以自由发挥想象力，设计并制作出独一无二的机器人作品；你可以深入探索机器人编程的奥秘，让机器人按照你的意愿执行任务；你还可以与团队成员紧密合作，共同解决项目中的难题，提升团队协作能力。

然而，对于初学者来说，VEX V5 的复杂性和多样性可能会带来一定的挑战。为了帮助大家快速上手 VEX V5，我们精心编写了本书。本书旨在通过简洁明了的语言、生动的案例以及实用的技巧，引导大家逐步掌握 VEX V5 的基础知识和操作技巧，为后续的深入学习和实践打下坚实的基础。

此外，本书还分享了 2023—2024 赛季比赛主题的实践过程。在机器人项目的实践过程中，团队协作和机器人结构设计制作步骤都非常重要。因此，书中穿插了团队协作的方法和技巧，以及机器人设计制作步骤，帮助学生在实践中提升团队协作能力和掌握机器人搭建的具体步骤，为他们未来的学习和工作打下坚实的基础。

无论你是在校的学生还是自学的爱好者，本书都将是你学习 VEX V5 机器人的得力助手。让我们一起在学习和应用机器人技术的道路上探索前行，共同创造美好的未来！

目 录

前言

第 1 章 结构件

1.1 常用零件　　1
1.2 直张缩轮　　11
1.3 装配技巧　　17
1.4 底盘　　19
1.5 轮胎分析　　21
1.6 动力系统分析　　22

第 2 章 电子元器件

2.1　V5主控器　　23
2.2　V5遥控器　　24
2.3　V5锂电池　　25
2.4　V5智能电动机　　26
2.5　V5电位器　　29
2.6　AI视觉传感器　　32
2.7　V5距离传感器　　33
2.8　V5惯性传感器　　34
2.9　V5光学传感器　　35
2.10　V5旋转传感器　　35
2.11　V5 GPS传感器　　36
2.12　简易场控　　36
2.13　碰撞开关　　36
2.14　V5 3线转接头　　36
2.15　其他元器件　　37

目录

第 3 章 编程软件

3.1　VEXcode V5　　39

3.2　VEXcode Pro V5　　42

3.3　PROS　　43

3.4　VRC 虚拟技能　　44

3.5　VEXos　　45

第 4 章 气动系统

4.1　第一代气动系统　　47

4.2　第二代气动系统　　55

4.3　气缸系统　　59

第 5 章 VEX 工具

5.1　台虎钳　　63

5.2　钢锯　　63

5.3　锉刀　　64

5.4　手持电钻　　64

5.5　工业级铁皮剪　　65

5.6　电动螺丝刀　　65

5.7　毛刺修边倒角器　　66

5.8　打孔定位器　　67

5.9　热弯枪　　67

5.10　充气泵　　68

5.11　PVC切割刀　　68

5.12　套筒　　69

5.13　螺丝刀　　69

5.14 官方扳手 70
5.15 定位冲子打孔器 70
5.16 打孔机 71
5.17 尖嘴钳 71
5.18 压线钳及水晶头 71
5.19 大剪刀钳 72
5.20 砂轮机 72
5.21 镊子 73
5.22 美工刀 73
5.23 大力F夹木匠夹紧器 74
5.24 锂电打磨机 74

第 6 章
VEX VRC 挑战赛与机器人结构设计

6.1 场地概览 75
6.2 赛局相关定义 76
6.3 特定赛局相关定义 77
6.4 记分 84
6.5 赛局规则 88
6.6 机器人设计 95

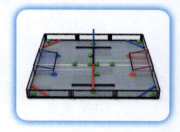

附录
搭建步骤图

第 1 章　结构件

VEX V5 结构件用于构建机器人和其他机械装置，这些结构件包括各种长度和形状的金属条、角连接器、轴承、支架等，可以组合在一起以构建机器人的框架、底盘、关节和其他部件。

■ 结构件类型：VEX V5 提供了各种类型的结构件，包括金属条（C-Channel、Angle、Flat 等）、连接器（L-Bracket、T-Bracket、U-Channel 等）、轴承、轮子、螺栓和螺母等。这些结构件通常具有标准尺寸和孔距，以便于模块化设计和组装。

■ 模块化设计：它们可以轻松地相互连接和组装，从而形成机器人的框架和其他部件。可以使用各种角连接器和螺栓将金属条连接在一起，以创建所需的形状和结构。

■ 强度和稳定性：结构件通常由高强度的金属（如铝合金）制成，具有良好的强度和稳定性，适用于各种机器人应用。结构件的设计经过优化，可以提供最佳的结构支撑和重量分配，从而确保机器人具有足够的稳定性和耐用性。

■ 适用性：结构件适用于各种机器人项目，从小型的玩具机器人到大型的竞赛机器人。它们还可用于工程和教育项目中，用于构建原型和模型，展示机械原理和设计概念。

1.1　常用零件

常用的零件如下所示。

名称	防静电万向轮		
尺寸	2.75in（1in=2.54cm）	3.25in	4.00in
图片			
型号	276-8106	276-8026	276-8107
名称	防静电车轮		
尺寸	2.75in	3.25in	4.00in
图片			
型号	276-1496	276-8098	276-7771

VEX VRC 机器人快速入门教程

名称	全向轮			
尺寸	2in（万向轮）	2.00in	2.00in	4.00in
图片				
型号	276-9044	217-7400	276-9044	276-1447

名称	12T 金属齿轮（12个装）	24T 高强度齿轮 v2（8个装）	36T 高强度齿轮 v2（8个装）	48T 高强度齿轮 v2（8个装）	60T 高强度齿轮 v2（8个装）	72T 高强度齿轮 v2（6个装）	84T 高强度齿轮 v2（4个装）
图片							
型号	276-7368	276-7572	276-7747	276-7573	276-7748	276-7574	276-7749

名称	6T 高强度链轮（8个装）	12T 高强度链轮（4个装）	18T 高强度链轮（4个装）	24T 高强度链轮（4个装）	30T 高强度链轮（4个装）
图片					
型号	276-3876	276-3877	276-3878	276-3879	276-3880

名称	8T 链轮 6P（8个装）	16T 链轮 6P（8个装）	24T 链轮 6P（8个装）	32T 链轮 6P（8个装）	40T 链轮 6P（8个装）
图片					
型号	276-8030	276-8328	276-8329	276-8330	276-8331

第1章　结构件

名称	型号	图片	说明
特氟龙垫圈	275-1025		直径：0.5in
钢质垫圈	275-1024		直径：0.5in
0.375in OD 尼龙垫片多尺寸合装	276-6340		直径：0.375in 长度为四种：1/8in、2/8in、3/8in、4/8in
0.5in OD 尼龙垫片混合合装	275-1066		直径：0.5in 长度为四种：1/8in、2/8in、3/8in、4/8in
卡扣垫片多尺寸合装	276-8019		直径：0.375in 长度为三种：1/16in、2/16in、4/16in
4.6mm 塑料垫片	276-2018		
8mm 塑料垫片	276-2019		
高强度传动轴垫片套装	276-3441		长度为四种：1/16in、2/16in、4/16in、8/16in
高强度轴适配器（1/8in 方孔, 1/2in 长）	276-8235		长度：0.5in

VEX VRC 机器人快速入门教程

（续）

名称	型号	图片	说明
高强度轴适配器（1/8in 圆孔, 1/2in 长）	276-8034		长度：0.5in
高强度传动轴插销套装	276-3881		
轴承块和锁板合装	276-201		
轴箍固定座带轴承片（10 个装）	276-8024		
薄型轴承座（10 个装）	276-8023		
轴承座（10 个装）	276-1209		
高强度轴套（10 个装）	276-3521		
高强度轴套套装	276-7582		
高强度轴承块（10 个装）	276-8383		

第1章　结构件

（续）

名称	型号	图片	说明
VEX IQ 轴箍（30 个装）	228-3510		
单脚轴承片带六角螺母固定座（10 个装）	276-6481		
单脚六角螺母固定座（10 个装）	276-6482		
四脚六角螺母固定座（10 个装）	276-6483		
梅花轴箍（16 个装）	276-6103		锁细钢轴
梅花夹紧轴箍（10 个装）	276-6101		锁细钢轴
薄型高强度夹紧轴箍（10 个装）	276-7580		锁粗钢轴
铝质 C 形梁 1×2×1×35（6 根装）	276-2289		

VEX VRC 机器人快速入门教程

（续）

名称	型号	图片	说明
铝质C形梁 1×3×1×35（6根装）	276-4359		
铝质C形梁 1×5×1×35（6根装）	276-2298		
L形连接片（8个装）	276-2578		
C形梁连接片（8个装）	276-2575		
连接片合装	276-7760-001		
	276-7759-001		
	276-7761-001		
直角转角连接片（4个装）	276-2576		

第1章　结构件

（续）

名称	型号	图片	说明
45°连接片（6个装）	275-1186		
90°连接片合装	276-7761-002		
45°连接片合装	276-7759-002		
90°连接片套装（4个装）	276-2577		
30°连接片合装	276-7758-001		
	276-7758-002		
	276-7760-002		
连接片合装	276-1110		

VEX VRC 机器人快速入门教程

（续）

名称	型号	图片	说明
蜗杆齿轮箱架（2个装）	275-1187		
伞形齿轮箱架（2个装）	275-1189		
齿条变速箱支架 v2（2个装）	276-5771		
橡胶柱（4个装）	275-1029		
普通螺母（100个装）	275-1028		螺母
齿形防松螺母（100个装）	275-1026		
尼龙防松螺母（100个装）	275-1027		
#8-32 薄型螺母（100个装）	276-7767		

第1章　结构件

（续）

名称	型号	图片	说明
撑柱 0.25in（10 个装）	275-1013		
撑柱 0.5in（10 个装）	275-1014		
撑柱 0.75in（10 个装）	275-1015		
撑柱 1.00in（10 个装）	275-1016		撑柱
撑柱 1.50in（10 个装）	275-1017		
撑柱 2.00in（10 个装）	275-1018		
撑柱 2.50in（4 个装）	275-1019		
撑柱 3.00in（4 个装）	275-1020		
撑柱 4.00in（4 个装）	275-1021		

VEX VRC 机器人快速入门教程

（续）

名称	型号	图片	说明
撑柱 5.00in（4 个装）	275-1022		撑柱
撑柱 6.00in（4 个装）	275-1023		
橡胶防撞头（12 个装）	276-7499		
螺钉			0.25in、0.375in、0.5in、0.625in、0.75in、0.875in、1in、1.25in、1.5in、1.75in、2in、2.25in、2.5in
梅花头连接器 8-32×0.500in（25 个装）	276-4989		
梅花头连接器 8-32×1.000in（25 个装）	276-4988		
铰链（2 个装）	275-1272		
V5 电池夹（4 个装）	276-6020		
轴承铆钉（50 个装）	276-2215		

第 1 章　结构件

（续）

名称	型号	图片	说明
万向连接头（5 个装）	276-2723		
螺母条（4 条装）	276-1748		
绞盘和滑轮套装	276-1546		
联轴器（5 个装）	276-1843		
高级机构和传动套装	276-2045		

1.2　直张缩轮

每种尺寸的直张缩轮均提供三种不同的硬度。硬度计可识别材料的相对硬度，并指示所得柔性轮的柔韧性，"A"是指用于柔性模具橡胶的特定测量尺度。硬度计数字越大（例如，60A）越坚硬，而数字越小（例如，30A）则越柔韧。

名称	直张缩轮 30A			
尺寸	1.625in	2.00in	3.00in	4.00in
图片				
型号	217-6350	217-6353	217-6447	217-6450

VEX VRC 机器人快速入门教程

名称	直张缩轮 45A			
尺寸	1.625in	2.00in	3.00in	4.00in
图片				
型号	217-6351	217-6354	217-6448	217-6451

名称	直张缩轮 60A			
尺寸	1.625in	2.00in	3.00in	4.00in
图片				
型号	217-6352	217-6446	217-6449	217-6452

以下配件可以与直张缩轮搭配使用,并且根据官方文件均可合法用于 VRC 机器人。

名称	3/8in 六角孔塑料万能毂	铝质万能毂-中心 1/2in 六角孔	1/2in 六角孔塑料万能毂 V2	1/2in 塑料六角转接头 V2（1/4in 方孔,1/4in 长）	1/2in 六角转接头 V2（1/4in 方孔,1/8in 长）	1/2in 六角转接头 V2（1/4in 方孔,1/4in 长）
图片						
型号	217-4009	217-2592	217-8079	217-8004	217-7946	217-7947

直张缩轮可用于多种应用,例如:

- 捡起硬塑料物体。
- 拾取形状不规则的物体（例如立方体、圆盘、棕球等）。
- 越过使用常规驱动轮可能遇到困难的障碍杆。

下图为 2021—2022 赛季"合纵连横"的吸球直张缩轮示例。

下图为 2022—2023 赛季"扭转乾坤"的吸飞盘直张缩轮示例。

下图为 2022—2023 赛季"扭转乾坤"的发射飞盘直张缩轮示例。

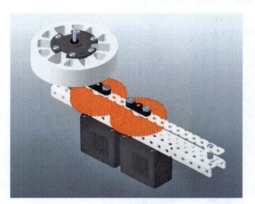

下图为 2023—2024 赛季"粽横天下"的吸粽球直张缩轮示例。

根据实际需求选择不同直张缩轮硬度，原因如下：

■ 允许改变接收物体时轮子的弯曲程度。例如，较软的轮子可能更适合拾取较硬的物体，而较硬的轮子可能更适合拾取较软的物体。

■ 如果入口足够宽，可以一次吸入多个目标物体，可以使用不同硬度的轮子来影响入口一侧的抓力，以防止物体卡住。

■ 如果用在驱动底盘上，选择不同硬度直张缩轮对抓地力影响很大。较软的轮子可以更好地抑制冲击力，并且可以轻松攀爬物体，但可能会使机器人在平坦地面上行驶时产生弹性。较硬的轮子将具有更平稳的驱动力，但在攀爬物体时可能会遇到更多困难。

由于直张缩轮材料具有柔韧性,因此孔的尺寸故意减小,这样它们就不会在轴上滑动。直张缩轮孔径明显小于其匹配的适配器。

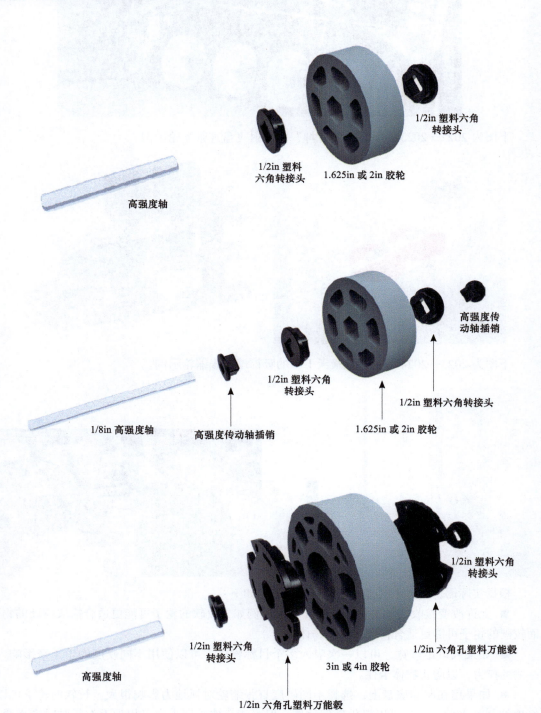

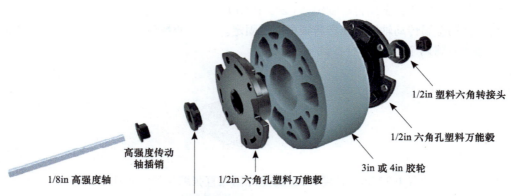

1/2in 塑料六角转接头
1/2in 六角孔塑料万能毂
3in 或 4in 胶轮
1/2in 六角孔塑料万能毂
1/2in 塑料六角转接头
高强度传动轴插销
1/8in 高强度轴

上述组装方法是在 V5 机器人上安装直张缩轮的最佳解决方案。然而，由于各种原因，有些材料可能缺货。如果急需使用直张缩轮，并且缺少上面所示的一个或多个适配器，那么可以通过其他方法使直张缩轮在机器人上工作。

重要的是要注意，这些替代方案可能会或者可能不会像上面所示的方法那样执行，并且其中一些替代方案将比其他替代方案表现得更好。所有替代方案都使用最初设计时不能协同工作的部件，但在紧要关头时也能发挥作用。

1. 1.625in 和 2in 柔性轮的替代方案

（1）替代方案 1：夹紧轴箍（276-3891）或高强度夹紧轴箍（276-6102）

轴箍可以使用工具扳机式快速 F 夹，来压入 1.625in 和 2in 柔性轮的六角孔中，以使这些轮与细轴或粗轴兼容。将轴箍和直张缩轮对齐，之后将轴箍嵌入孔中。

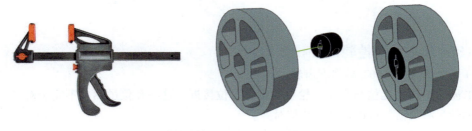

（2）替代方案 2：12T 带插销金属齿轮（276-2551）

注意：由于该部件是金属的，因此随着时间的推移，它可能会开始撕裂柔性轮。小心使用此方法，以免损坏车轮。

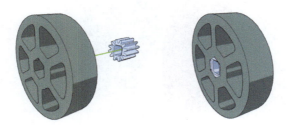

（3）替代方案 3：金属传动轴锁条（275-1065）

可以使用金属传动轴锁条或塑料锁杆两面固定。

步骤 1：将两个 0.5in 螺柱拧到 1in 螺钉上。

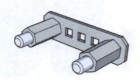

步骤 2：将直径 0.375in、长度 0.5in 的垫片插入直张缩轮的六角孔中。

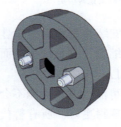

步骤 3：安装第二个锁杆并将螺母拧紧到螺钉上。

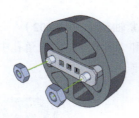  

2. 3in 和 4in 柔性轮的替代方案

（1）替代方案 1：60T 高强度齿轮

60T 齿轮的螺钉孔位与直张缩轮上的螺钉孔位接近。这些孔位虽然并不完全对齐，但较软的直张缩轮足够灵活，可以拉伸让孔位对齐。

步骤 1：对齐齿轮和直张缩轮的两个孔。

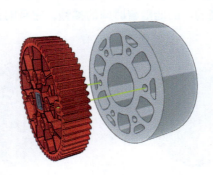

步骤 2：将两个 1.75in 螺钉插入齿轮和直张缩轮的孔中。

（2）替代方案 2：定制 PVC 和金属传动轴锁条

PVC 可用于制作安装在直张缩轮侧面并固定锁杆的板。切割 PVC 并打孔，用 1.75in 螺钉固定安装直张缩轮与金属传动轴锁条。

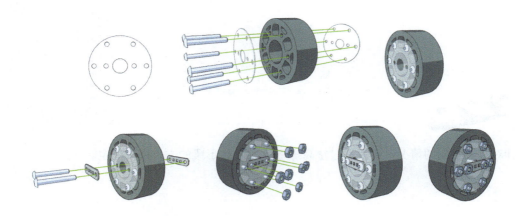

1.3　装配技巧

当进行 VEX 机器人装配时，有几项技巧和最佳实践可以更有效地构建机器人和机械装置。在开始装配之前，首先确保工作区整洁，并将所有 VEX 零件按类别或类型进行分类组织。这样可以减少混乱，并使你更容易找到所需的零件。

1.3.1　轴承底座固定

使用 0.5in 螺钉固定轴承底座。

1.3.2　C 形梁连接固定（1）

直径为 0.375in 的长度为 3/8in 与 4/8in 的垫片叠加起来作为支撑，并使用 1.5in 螺钉贯穿固定。

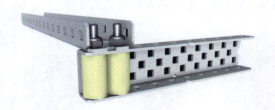

1.3.3　C 形梁连接固定（2）

对于没有位置加固 C 形梁的情况，可以通过下面的方式进行固定。

通过削薄的方式使轴承块中间凹下去，以便螺钉可以穿过，再用齿形螺母进行固定。

 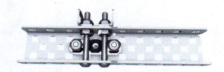 

针对有限空间的情况，可以通过垫高螺母柱加固 C 形梁的方式进行固定。

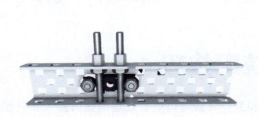 

1.3.4　薄型轴承块的固定

针对 C 形梁边缘轴承块的固定，选用薄型轴承块固定。

1.3.5　万向轮的安装

万向轮可以采用下面的方式进行安装固定。

第 1 章　结构件

1.4　底盘

　　机器人底盘是机器人系统中至关重要的组成部分之一，它承担着支撑和运动控制的功能。以下是机器人底盘的重要性在各方面的体现。

■ **稳定支撑**：机器人底盘提供了机器人系统的稳定支撑结构，使得机器人能够在不同的地形和环境中运动和操作。

■ **载荷承载**：机器人底盘通常设计用于承载机器人的各种部件和附加设备，例如传感器、执行器、电源等。因此，机器人底盘需要足够的强度和承载能力。

■ **运动控制**：机器人底盘集成了驱动系统和运动控制系统，可以实现机器人在三维空间内的运动、导航和定位。这是机器人实现各种任务的基础。

■ **导航和定位**：通过机器人底盘上的导航和定位系统，机器人能够准确感知自身位置和周围环境，从而进行路径规划和避障等操作。

■ **灵活性和适应性**：机器人底盘的设计决定了机器人的灵活性和适应性，包括其在不同地形、环境和工作场景中的适用性。

　　在 VEX 机器人竞赛（VRC）中，机器人底盘的设计同样非常重要，因为它直接影响机器人在比赛中的性能和表现。下面讲解一些常见的 VEX VRC 机器人底盘设计。

1.4.1　简单框架底盘

　　这是最基本的底盘设计之一，通常由 VEX 构件（例如 C 形和 L 形的铝型材）组成简单的框架结构。这种底盘设计结构简单、易于构建，并提供了足够的支撑和稳定性。

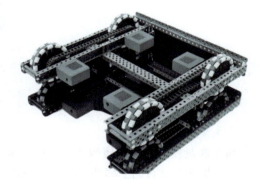

1.4.2　H 形底盘

H 形底盘的结构类似字母"H",通常由两个平行的长条组成,中间连接着横向的杆。这种底盘结构在提供强度的同时,也为机器人提供了一定的稳定性和平衡性。对于 H 形底盘,轮胎材质同样会影响其在不同地形上的性能。

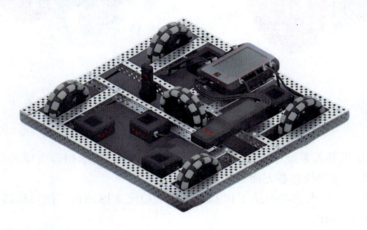

1.4.3　X 形底盘

X 形底盘的结构形状类似字母"X",通常由四条轴线组成,每个轴线上安装有一个驱动轮。这种底盘设计具有很好的机动性和操控性,能够实现多向移动和旋转。

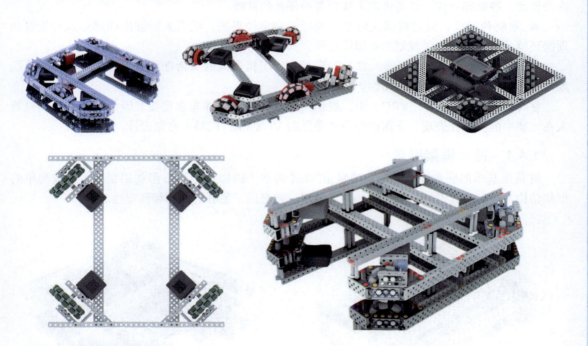

1.4.4　履带底盘

履带底盘使用连续的履带系统来提供牢固的地面抓地力和越障能力。这种设计通常用于需要在不平坦或滑动表面上移动的场合,例如操场或户外比赛场地。

1.4.5 M形底盘

M形底盘使用四个麦克纳姆轮,这些轮子的轮胎表面安装有斜向的滚轮,使得机器人可以实现多向运动,包括平移、旋转和侧向移动。

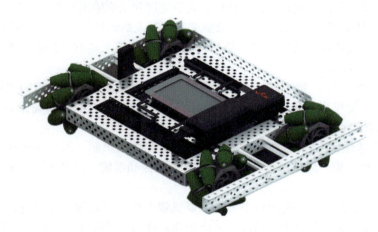

1.5 轮胎分析

不同轮胎材质对机器人底盘的影响可以在多个方面体现,包括地面抓地力、摩擦力、耐磨性、操控性和适应性等。以下是常见轮胎材质对机器人底盘的影响。

■ 地面抓地力:不同材质的轮胎对地面的抓地力不同。例如,橡胶轮胎通常提供良好的地面抓地力,适用于需要高速运动和快速加速的场景;而硅胶轮胎在干燥环境下会提供更好的抓地力,适用于比赛场地表面较为平滑的情况。

■ 摩擦力:轮胎的材质会影响机器人在地面上的摩擦力。例如,橡胶轮胎通常具有较高的摩擦系数,有助于机器人在加速、减速和转弯时更好地控制。

■ 耐磨性:轮胎的耐磨性决定了其在长时间运行中的使用寿命。一些轮胎材质,如硬质橡胶或聚氨酯通常具有较好的耐磨性,适合于需要频繁运动或长时间比赛的场合。

■ 操控性:轮胎的材质和设计也会影响机器人的操控性能。例如,全向轮通常采用软质橡胶材质,以提供更好的操控性和实现平稳移动,适用于需要机器人在狭小空间中灵活移动的情况。

- 适应性：不同的轮胎材质适用于不同的地面条件。例如，某些材质的轮胎在室内地板上的表现可能会与在户外草地或瓷砖上的表现不同。因此，在选择轮胎时需要考虑机器人可能遇到的不同地面情况。

综上所述，轮胎材质是影响机器人底盘性能的重要因素之一，团队在设计机器人时需要根据比赛要求、场地情况和机器人自身特点来选择合适的轮胎材质，以确保机器人能够在各种情况下表现出最佳性能。

1.6 动力系统分析

在选择竞赛机器人的动力传动系统时，需要考虑以下几个重要事项。

- 效率和性能：动力传动系统的效率直接影响机器人的性能。选择高效的传动系统可以最大限度地将电能转化为机械运动，提高机器人的速度和功率输出。
- 速度和转矩需求：根据比赛任务的要求和机器人的设计目标，确定所需的速度和转矩。不同类型的传动系统（例如齿轮传动、链传动、履带传动等）具有不同的速度和转矩特性，需要根据具体情况进行选择。
- 可靠性和耐久性：竞赛机器人通常需要经历长时间的运动和激烈的比赛，因此动力传动系统必须具有高度可靠性和耐久性。选择高质量的零部件和材料，以确保动力传动系统在比赛期间不会发生故障或损坏。
- 重量和体积：竞赛机器人通常有严格的重量和体积限制，因此在选择动力传动系统时需要考虑其重量和体积。应尽量选择轻量化和紧凑的传动系统，以最大限度地减少机器人的整体重量和体积。
- 可调性和灵活性：一些竞赛中可能需要机器人具有可调速度或可变传动比的能力，以适应不同的比赛场景和任务要求。因此，考虑传动系统的可调性和灵活性也是非常重要的。
- 机器人辅助设计：竞赛机器人可以根据需求配置气动系统，气动系统能完成相关辅助功能，例如展开翅膀、变速齿轮、锁止装置、耦合装置、拉伸装置等。

第 2 章

电子元器件

VEX 提供了各种电子元器件,其可用于控制机器人的各种功能和行为。这些电子元器件包括电动机、传感器、主控器等,它们可以实现机器人的自动化控制、感知环境和执行任务等功能。

- 电动机:电动机可用于提供机器人运动所需的动力。
- 传感器:传感器用于感知机器人周围的环境和条件。常见的传感器包括接近传感器、颜色传感器、惯性传感器(如陀螺仪和加速度计)、触摸传感器等。
- 主控器:VEX 的主控器是机器人的大脑,负责接收传感器数据和执行指令。
- 电子线缆和接头:各种类型和长度的电子线缆和接头,用于连接电动机、传感器、主控器等各种电子元器件。
- 无线通信模块:VEX 的控制器支持无线通信,可以使用 VEX 提供的无线通信模块使机器人和主控器之间无线连接。
- 电池:电池是提供机器人动力的重要组成部分。VEX 提供了可充电电池,确保机器人在运行时拥有足够的能量。

2.1 V5 主控器

V5 主控器可以运行程序、对机器人进行故障排除并实时获得重要反馈。智能端口自动检测所连接设备的类型,并可实时查看电动机和传感器运行参数。其他参数或功能包括:

- 4.25in 全彩触摸屏。
- 仪表板提供实时诊断。
- 21 个智能端口。
- 用于模拟和数字传感器的 8 个 3 线端口。
- 无线下载程序。

V5 主控器规格

系统	VEX ARM® Cortex®
电动机端口	21 个智能端口中的任意 1 个
智能传感器端口	21 个智能端口中的任意 1 个
无线电端口	21 个智能端口中的任意 1 个
系统端口	21 个智能端口中的任意 1 个
数字端口	8 个内置的 3 线端口中的任意 1 个
模拟端口	8 个内置的 3 线端口中的任意 1 个
3 线扩展器	使用 3 线扩展器添加 8 个端口，3 线扩展器使用 1 个智能端口
VEXos 处理器	1 个 Cortex A9（667MHz），2 个 Cortex M0（各 32MHz），1 个 FPGA
用户处理器	1 个 Cortex A9，每秒处理 13.33 亿条指令（MIPS）
内存	128MB
闪存	32MB
用户程序槽	8 个
USB	2.0 高速（480Mbit/s）
彩色触摸屏	4.25in，480×272 像素，65k 色
SD 卡	支持高达 16GB，FAT32 格式
无线	VEXnet 3.0 和蓝牙 4.2
系统电压	12.8V
尺寸	4.0in 宽 ×5.5in 高 ×1.3in 长（101.6mm×139.7mm×33.02mm）
重量	285g

2.2　V5 遥控器

　　V5 遥控器将 2 个操纵杆和 12 个按键设计成大家熟悉的视频游戏机手柄的风格。遥控器具有可编程的触觉反馈功能，以及内置 VEXnet 3.0 和蓝牙功能，用于通过 V5 机器人天线来和 V5 主控器进行无线通信。相关功能包括：

- 液晶屏显示实时信息。
- 从主控器启动和停止程序。
- 可编程的触觉反馈。
- 竞赛练习模式——与其他机器人同步并进行练习比赛。
- 内置 VEXnet 3.0 和蓝牙。
- 集成充电电池。

V5 遥控器有两个位于前侧的智能端口,用于同步 V5 主控器和 V5 遥控器,并且也可被用于完成固件更新。同时也可以被用于连接一个副手 V5 遥控器以及增加机器人可被控制的功能。V5 遥控器还有一个位于前侧的竞赛端口允许其连接到 VEX 竞赛场地控制器。

遥控器相关功能如下。

用户界面	内置单色 LCD 128×64 像素背光,并带白色或红色 LED
接口功能	选择、启动、停止程序 机器人和主控器电池电量显示 无线链路类型和信号强度显示 竞争模式指示 语言选择
用户反馈	最多 3 行多语言文本 最多 3 个图形小部件
无线电	VEXnet 3.0 和蓝牙 4.2 以 200kbit/s 传输速度下载和调试
模拟轴	2 个操纵杆
按钮	12 个
电池类型	锂电池
电池运行时间	8~10h
电池充电时间	1h
自动睡眠	是
重量	350g

2.3　V5 锂电池

V5 锂电池的电池容量为 1100mAh,其每次为机器人供电时,都能提供一致的性能。该锂电池配备了电路和控制装置,可实现更高的持续功率和更可靠的功能。同时 V5 系统作为一个整体,旨在在任何电池电量水平下产生相同的性能,所以同一块电池在需要充电之前可以用于多次比赛或课程。

V5 锂电池可以通过一组电池夹被牢固地固定在机器上,并且通过两端有卡扣的电源连接线牢固地连接到主控器。同时,根据情况需要,还可采用更长长度的电源连接线。

V5 锂电池有一个按钮可激活 4 个 LED 灯来指示电池的状态。当电池正在充电时,LED 灯也将提供充电情况参考。

V5 锂电池规格情况如下。

V5 锂电池规格

使用寿命	2000 个满充电周期
标准电压	12.8V
最大电流	20A
最大输出功率	256W
峰值功率下可带动电动机的数量	10 个
低电量时性能	电动机可输出 100% 功率
容量	12.8Wh
重量	350g
体积	46.45mm（宽）× 160.45mm（长）× 30.33mm（高）

2.4　V5 智能电动机

V5 智能电动机将编码器和电动机控制器集成到一个紧凑的封装结构中，使用可更换的齿轮箱来实现定制转速和转矩。电动机运行电压略低于电池最低电压，电动机功率精确控制在 ±1%。这意味着无论电池电量或电动机温度如何，电动机在每场比赛和每次自主运行中都会执行相同的操作。当驱动电动机可以输出所需的输出转速或转矩时，飞轮和臂等机构不需要大的外齿数比。因此，改变内齿数比以满足特定需求可以设计出更高效、更紧凑的机构。使用 V5 智能电动机的可更换的彩色齿轮箱可实现相应转速和转矩。

■ 红色齿轮箱：齿数比为 36∶1（100r/min），高转矩，低转速。非常适合驱动机器人手臂和举升重物。

■ 绿色齿轮箱：齿数比为 18∶1（200r/min），传动系统应用的标准齿数比。

■ 蓝色齿轮箱：齿数比为 6∶1（600r/min），低转矩，高转速。适用于进料辊、飞轮或其他快速移动机构。

齿轮箱相关数据如下。

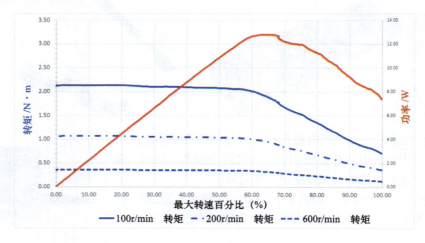

根据电动机功率曲线（上图中红色线）可以看出，随着电动机运行转速增加，电动机功率线性增加，当转速达到最大转速的 60% 时，电动机功率达到最大（12.75W）。如果齿轮箱为 100r/min，根据转矩曲线（上图中蓝色线），当转速在最大转速的 60% 以下时，电动机转矩一直保持在 2.0 N·m 左右。因此电动机在低速情况下也可以为 VEX 机器人提供充沛动力。

可以通过主控器端口调试电动机的性能。

 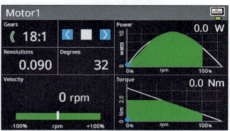

V5 智能电动机端口配有红色 LED，用于视觉直观显示判断情况。
主控器与电动机端口灯显示情况如下。

没有红灯	未与已通电的 V5 主控器建立连接
红色长亮	与已通电并进行通信的 V5 主控器建立了连接
红色快速闪烁	指示哪个电动机连接到已在 V5 主控器的设备信息屏幕中选择的端口
红色缓慢闪烁	表明存在通信故障

V5 智能电动机的规格情况如下。

V5 智能电动机（11W）规格

转速	100r/min、200r/min 或 600r/min
峰值功率	12.75W
持续功率	11W
失速转矩（带 100r/min 齿轮箱）	2.1N·m
低电量时性能	100% 功率输出
反馈	位置 转速（计算值） 电流 电压 功率 转矩（计算值） 效率（计算值） 温度
编码器	36:1 齿轮为 1800 刻度/转 18:1 齿轮为 900 刻度/转 6:1 齿轮为 300 刻度/转
尺寸（宽×长×高）	57.3mm × 71.6mm × 33.0mm
重量	155g

更换齿轮箱的步骤可如下操作。

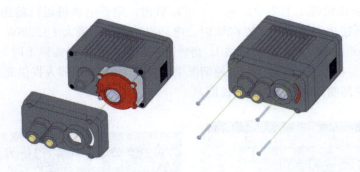

V5 智能电动机相关产品的情况如下。

名称	编号	图片	说明
V5 智能电动机（11W）	276-4840		
V5 智能电动机 36:1 齿轮箱	276-5840		100r/min
V5 智能电动机 18:1 齿轮箱	276-5841		200r/min
V5 智能电动机 6:1 齿轮箱	276-5842		600r/min
V5 智能电动机前盖替换装	276-6780		
V5 智能电动机 8-32 螺柱插销（10 个装）	276-6781		
智能电动机（5.5W）	276-4842		

还有一款智能电动机（5.5W）（外观如下），其能够产生 V5 智能电动机（11W）一半的功率，非常适合低转速或轻负载应用。**注意**：该电动机以设定好的 300r/min 运行，与 V5 智能电动机齿轮箱不兼容。

2.5 V5 电位器

V5 电位器可以确定旋转的位置和方向,其测量值可以帮助编程软件了解机器人手臂或其他机构的位置。电位器通常用于"有限旋转"应用中,例如机械臂或杠杆。电位器的一些功能或特点如下。

- 测量角度位置。
- 360° 连续转动测量。
- 333° 检测范围(27° 无效测量区域)。
- 可直接安装在 V5 电动机下方。
- 用于确定 V5 工作单元(Workcell)机器人手臂上的关节角度。

电位器是模拟可变电阻器,它根据电位器内部滑动臂(在电阻轨道材料上移动的部件)的位置提供可变电压值。这些用于工作单元上,根据电位计滑动臂的位置始终识别工作单元上关节的位置。V5 主控器上的 3 线端口将电压值转换为 0~4095 之间的数字值。

电阻轨道未覆盖的电位器底部部分称为电位器上的"死区"。如果滑动臂未连接到电阻区域(即在死区中),则电路开路,开路返回 0V。

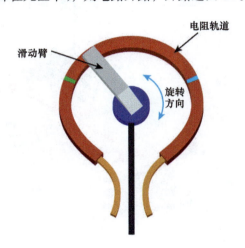
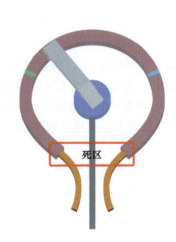

日常用品中使用的大多数电位器（例如汽车或音响上的音量旋钮，或者控制房屋中灯光亮度的调光器）看起来与此类似。

这些示例中的大多数都有固定轴，其调节旋钮与下图类似。

V5 电位器使用通孔而不是固定轴，因此可以将细钢轴穿过中心作为柱子，控制电位器的位置。

一般来说，工业机器人，特别是 V5 工作单元（Workcell），需要以安全且可重复的方式运行。工作单元需要一个固定的已知位置（也称为主位置）作为所有后续移动的基础。

在工作单元上，各个电动机不像手臂上的金属那样受到物理限制。手臂上的金属具有物理限制，无法沿某些方向移动。因此，电动机可能会继续旋转并迫使手臂移动超出其物理限制，从而导致工作单元可能损坏。

为什么 V5 工作单元需要电位器才能操作？

V5 工作单元的手臂使用电位计来跟踪其在工作单元表面区域移动时的位置。在安装和控制手臂期间，已设置电位计的可接受值范围，以确保 V5 工作单元以安全方式运行。如果电位器在此范围内开始，电位器的滑动臂将不会进入电位器电阻轨道的死区，并确保滑动臂始终知道其位置。

机械臂处理过程中每个关节的电位器范围如下。

- 关节 1：1600～2000
- 关节 2：1900～2400
- 关节 3：1700～2100
- 关节 4：200～650

工作单元手臂示例如下。

电位计还用于了解工作单元的臂在三维空间中的位置。这是使用 VEXcode V5 对 V5 工作单元进行编码时需要的重要信息，用于确保其以准确且可重复的方式运行。

掌握过程确保与工作单元上的四个关节中的每一个相关联的电位计都在预设范围内。

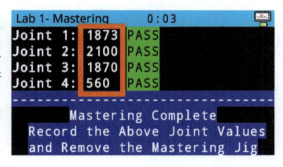

如果四个关节中的任何一个报告出现故障，移动手臂可能会将电位计中的滑动臂旋转到死区区域，这将导致手臂不知道其当前的物理位置，并可能对工作单元造成损坏。在 V5 工作单元上使用电位器可确保其正确构建和组装，并在其物理限制内安全运行，同时可以以可重复的方式移动，因为其具有定义的固定"起始位置"。

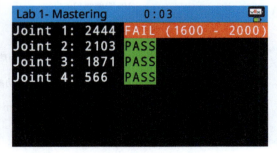

2.6　AI 视觉传感器

AI 视觉传感器外观如下。

　　VEX AI 视觉传感器是 VEX V5 和 EXP 的新成员，其提供了强大的物体检测功能。通过对各种物体的 AI 检测、AprilTag 检测和颜色检测，该传感器具有了丰富的扩展性。**注意：该产品取代了 VEX 视觉传感器 (276-4850)。**

　　其一些功能和特点如下。
- 一次最多检测 7 种颜色。
- 色码检测。
- 通用 VEX 课堂游戏对象（立方体、球、圆环）的 AI 检测。

　　AI 视觉传感器为机器人提供了新的功能，并允许扩展学习。它使用双 ARM Cortex M4 和 M0 处理器以 50 帧 /s 进行物体检测。在最基本的模式下，可以检测彩色对象的位置。该位置的 X 值给出了左右位置。当摄像头向下倾斜时，Y 值可以提供到物体的距离。

　　AI 视觉传感器规格情况如下。

视觉帧率	50 帧 /s
颜色标记	标记 7 种独立颜色
图片分辨率	640×400
处理器	双 ARM Cortex M4 和 M0
连接性	V5 智能端口 VEX IQ 智能端口 USB 微型端口
无线连接性能	2.4GHz 802.11 Wi-Fi 直连热点，内置网络服务器，Wi-Fi 视频流每秒 15～20 帧
兼容性	任何具有 Wi-Fi 和浏览器功能的设备
尺寸	63.4mm×54mm×22.6mm
重量	350g

　　AI 视觉传感器设置界面如下。在移动设备上，打开 Web 浏览器并输入 192.158.1.1，可以实时查看 AI 视觉传感器画面。

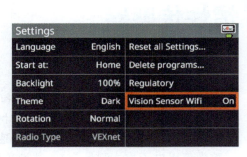

2.7　V5 距离传感器

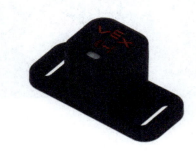

　　V5 距离传感器可测量到物体的距离、物体的大致尺寸和接近速度。距离测量范围为 20～2000mm。200mm 以下距离，偏差约为 ±15mm，200mm 以上距离，偏差约为 5%。物体的大致尺寸分为小、中或大，其对于确定目标是墙壁还是物体非常有用。同时还可以检测物体的移动速度。

检测时相关界面如下。

V5 距离传感器使用安全 1 级激光,类似于手机上用于对焦的激光。激光使传感器具有非常窄的视角,因此检测物体需始终位于传感器的正前方。

2.8　V5 惯性传感器

　　V5 惯性传感器是 3 轴(X、Y 和 Z)加速度计和 3 轴陀螺仪的组合。加速度计用于测量机器人的线性加速度(包括重力加速度),而陀螺仪以电子方式测量绕 V5 惯性传感器三轴的旋转速度。

　　这两种设备组合在一个传感器中,可以实现有效且准确的导航,并检测机器人运动的任何变化。

检测时相关界面如下。

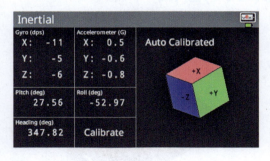

　　1)加速度计:加速度计测量传感器沿 X 轴、Y 轴和 / 或 Z 轴改变其运动(加速)的速度。这些轴由惯性传感器的方向确定。例如,一个方向可以将机器人的 X 轴作为其向前和向后运动,将其 Y 轴作为其左右运动,将其 Z 轴作为其上下运动(例如机器人在吊杆)。

　　2)陀螺仪:陀螺仪不是测量沿 3 轴的线性运动,而是测量绕 3 轴的旋转运动。当内部电子设备创建固定参考点时,传感器测量该旋转。当传感器旋转远离该参考点时,它会改变输出信号。

陀螺仪建立参考点需要很短的时间,这段时间通常称为初始化或启动时间。

2.9　V5 光学传感器

V5 光学传感器是环境光传感器、颜色传感器、接近传感器和手势传感器的组合。颜色信息以 RGB、色调和饱和度或灰度形式提供。当物体距离小于 100mm 时，颜色检测效果最佳。接近传感器测量反射光强度，因此，这些值将随着环境光和物体反射率的变化而变化。手势传感器可以检测四种可能的手势，即物体（手或其他）在传感器前向上、向下、向左或向右移动。V5 光学传感器具有白色 LED，可用于改善弱光条件下的颜色检测效果。

检测时相关界面如下。

 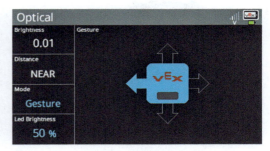

2.10　V5 旋转传感器

　　V5 旋转传感器测量轴旋转位置、总旋转数和旋转速度。旋转位置的测量范围为 0°～360°，精度为 0.088°。该角度是绝对确定的，并且在机器人断电时不会丢失。零位可以在仪表板上或通过程序设置。总旋转数是向前或向后的转数，可以根据需要重置为零。旋转不会被存储，并在每次程序执行时以当前角度重新启动。旋转速度以 °/s 为单位测量。

　　检测时相关界面如下。

2.11　V5 GPS 传感器

将 V5 GPS 传感器与 GPS 现场条形码结合使用，可以随时了解机器人的位置，或者用于编写可以移动到现场精确坐标的高级自主程序。

2.12　简易场控

使用 VEXnet 竞赛开关可以启用/禁用最多四个 VEXnet 机器人。该开关还能够在自动控制和操作员控制模式之间切换。同时可以使用此套件模拟 VEX 现场控制器进行比赛练习！

2.13　碰撞开关

碰撞开关用于检测墙壁或限制手臂运动。

2.14　V5 3 线转接头

V5 3 线转接头允许在 V5 主控器上使用额外的 3 线传感器。将其插入任何智能端口以添加额外的 3 线端口。

3 线传感器安装技巧如下。

连接时，3 线传感器的针脚可能弯曲和 / 或错位，所以在插入 V5 主控器的 3 线端口时需要小心，要确保针脚完全插入 3 线端口中。

通过利用 3 线传感器上的塑料片来确保 3 线针脚以正确的方向插入 3 线端口中。这些端口是有键槽的，所以只能以一种方式插入电缆。

如果使用一根 3 线延长电缆，则两根电缆之间的连接不再存在键向保护。当 3 线电缆相互插入时，需要小心确保 3 线电缆颜色一致。延长线之间可以用扎带进行拉紧。

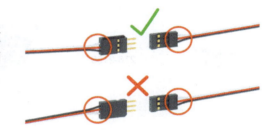

2.15 其他元器件

其他经常使用的元器件情况如下。

名称	编号	图片	说明
V5 锂电池连接线套装	276-4817		
V5 智能天线	276-4831		用于主控器与遥控器之间通信连接

（续）

名称	编号	图片	说明
Cortex 光轴编码器（2只装）	276-2156		
Cortex 限位开关（2只装）	276-2174		
Cortex 碰撞开关（2只装）	276-2159		
Cortex 线路跟踪器（3只装）	276-2154		
Cortex 电位计（2只装）	276-2216		
3线延长电缆（12in）（4根装）	276-1426		延长线

第 3 章

编 程 软 件

VEX V5 编程软件是 VEX Robotics 为 V5 主控器提供的专用编程环境，用于编写、调试和上传程序到 V5 主控器，以控制机器人的行为。以下是关于 VEX V5 编程软件的介绍。

- 名称：VEXcode。
- 适用平台：VEXcode 可以在多种操作系统上运行，包括 Windows 和 MacOS 等操作系统，这使得用户可以在各种设备上编写和调试程序。
- 支持语言：VEXcode 支持多种编程语言，包括 C++ 和 Blockly。用户可以根据自己的偏好选择编程语言，从而更轻松地编写程序。
- 功能特点：VEXcode 具有丰富的功能，包括代码编辑器、调试器、实时模拟器等。这些功能使用户能够编写复杂的程序并对其进行调试，以确保机器人的正确行为。

3.1　VEXcode V5

VEXcode V5 采用模块化编程，适合入门，编程过程简单明了。

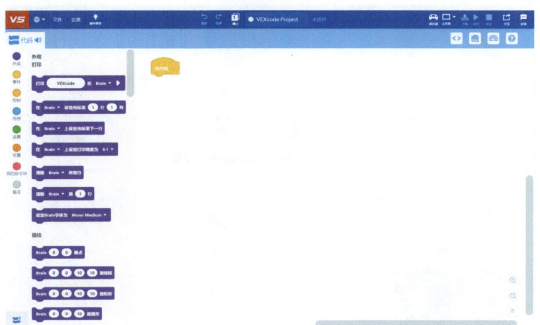

VEXcode V5 中提供帮助功能，可以在帮助菜单查找相关说明。

同时，VEXcode V5 中还提供辅导教程，以帮助大家更快熟悉相关功能和操作。

第 3 章 编程软件

相关样例程序如下。

基础底盘遥控器编程样例程序如下。

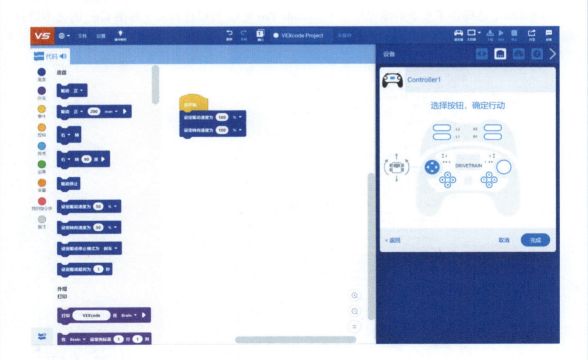

VEXcode V5 还支持将模块化编程转换成 C++ 与 Python 编程。

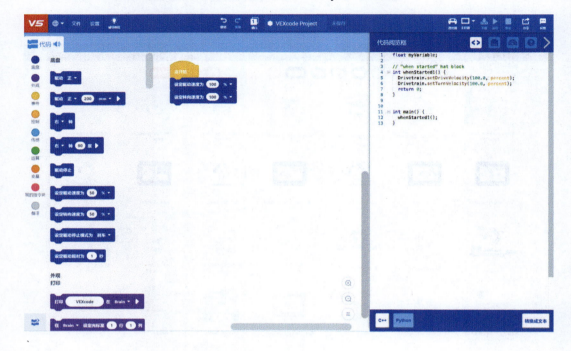

3.2　VEXcode Pro V5

VEXcode 还提供了专业的编程环境 VEXcode Pro V5，可以进行基于标准 C++ 的文本语言编程。

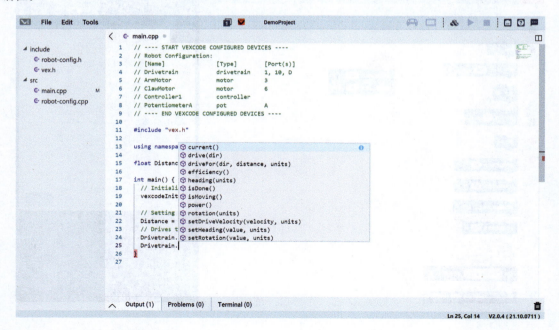

3.3 PROS

下载 Visual Studio Code 软件,在软件中安装 PROS 插件,可以安装中文语言包。

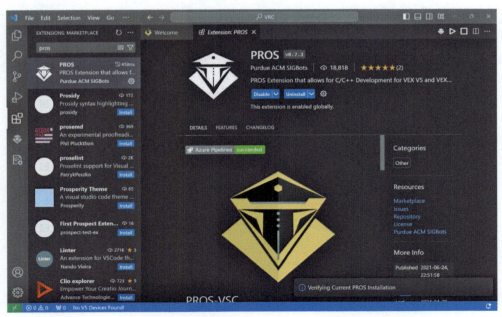

3.4　VRC 虚拟技能

打开网站 https://vr.vexcode.cn/，选择场地。有些功能需要注册队号进行登录。

第 3 章　编程软件

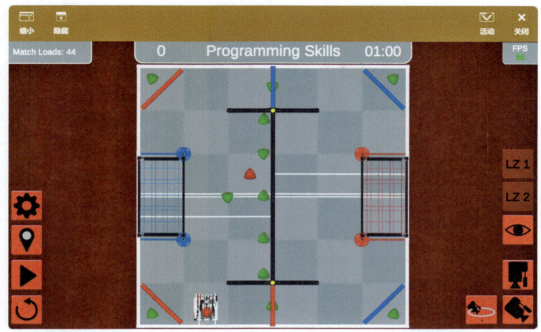

3.5　VEXos

　　VEX V5 产品都包含自己的内部处理器，并在称为"VEXos"的特殊操作系统上运行。该操作系统在 2024 年 2 月公开发布的版本为 1.1.3 版本，其完全由 VEX Robotics 组织者编写，利用 VEX 硬件的灵活性和强大功能来满足教育的多样化需求和严格的比赛需求。VEXos 可实现高级编程功能和增强的用户体验。而确保 V5 系统正常运行的最佳方法是保持固件最新。可以通过 VEXcode V5 软件或者 VEXos 进行固件更新。只需打开 VEXcode，将 V5 主控器插入计算机并按照提示操作即可。然后，主控器会自动向与其连接的任何 V5 设备推送最新更新。

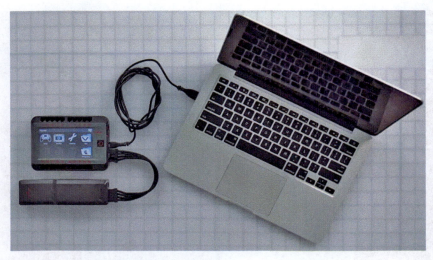

基于 VEXcode V5 软件更新固件的界面如下。

基于 VEXos 软件更新固件的界面如下。

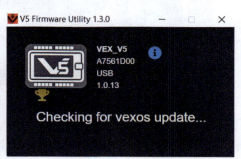

第 4 章

气 动 系 统

VEX 气动系统提供了一系列气动（或称为气动力学）组件，用于机器人和其他机械系统的动力传递和控制。这些组件通常包括气缸、活塞、气阀等，利用压缩空气或气体来产生运动或执行特定的动作。

- 气动组件：VEX 气动组件包括各种气缸，可用于产生直线运动，通常具有不同的尺寸和行程，以满足不同应用的需求。
- 气阀：VEX 气动系统还包括各种气阀，用于控制气体的流动和压力，从而控制气缸的动作。气阀可以手动操作，也可以通过电气控制（如电磁阀）来实现自动化控制。
- 储气罐：为了使用 VEX 气动组件，还需要一个压缩空气源，通常是一个压缩空气罐或压缩空气泵。这些空气源通常通过管道连接到气缸和气阀，以提供所需的气体压力和流量。
- 控制：可以使用 VEX 软件（如 VEXcode）编写程序，以控制气动组件的动作。通过代码控制气阀打开或关闭，来控制气缸的伸缩，从而实现各种机械动作。

VEX 气动组件广泛用于各种机器人项目和工程应用中，如机器人抓取机构、推动装置、提升系统等。它们通常与其他 VEX 组件（如电动机、传感器等）结合使用，以实现复杂的机械系统。

4.1 第一代气动系统

4.1.1 气动配件

相关气动套装情况如下。

名称	型号	图片	连接图
双向气缸气动套装	275-0276		

VEX VRC 机器人快速入门教程

（续）

名称	型号	图片	连接图
单向气缸气动套装	275-0274		
单向气缸附加套装	275-0275		
双向气缸附加套装	275-0277		

储气罐是为气动系统储存空气的地方。

注意：末端螺母可以从储气罐上移除以减轻重量，其主要作用是配重，储气罐可以用扎带或者铝条进行固定。

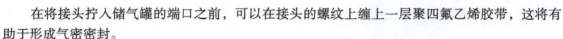

在将接头拧入储气罐的端口之前,可以在接头的螺纹上缠上一层聚四氟乙烯胶带,这将有助于形成气密密封。

供气配件用于插入气管中,通过它向系统中的其余部分提供气压。
接头的螺纹口缠绕聚四氟乙烯胶带来密封接口,以减少漏气。
所有气管接头都可以通过简单的方式将管子插入接头。
要松开管子,需要将外环推向接头,然后才能取下管子。

T 形接头允许分流供气,以便为两个阀门供气。
注意:该配件也可用于控制两个单作用气缸。

压力调节阀相关参数如下。

使用流体	空气
保证耐压力	1.2MPa
最高使用压力	0.8MPa
设定压力范围	标准：0.1～0.7MPa
环境温度及使用流体温度	−5～60℃（无冻结）
结构	溢流型
质量	15g
开启压力（阀体）	0.02MPa
最大有效截面积（OUT → IN）	1.8mm²
适合软管材质	尼龙、软尼龙、聚氨酯

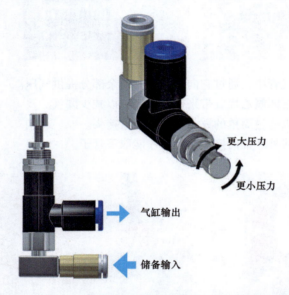

压力调节器：即带 4mm 配件的迷你调节器可以调节系统下级流动的气压。

通过转动阀杆将其移入或移出来调节压力。随着阀杆一直向外转动，气压将是最高的。气压的大小决定了气缸将施加的力的大小。

4.1.2　开关阀

允许打开阀门并释放系统中的气压。

确保阀门上压印的箭头指向为远离储气罐并指向系统，即箭头应该指向空气流动的方向。

当旋钮与气管成一条直线时，系统中的空气流动通畅。
当旋钮与气管垂直时，阀门就会关闭。

电磁阀控制器具有控制双向气缸的气流正向、反向流动的功能。

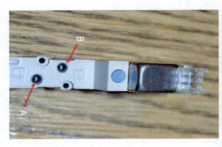 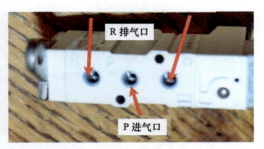

P 为进气口，R 为排气口，端口 A、B 为气缸部分供气。

在默认设置中，端口 A 将供给双向气缸的底部端口，端口 B 将供给顶部端口，这将使气缸在活塞杆缩回的情况下可以起动。

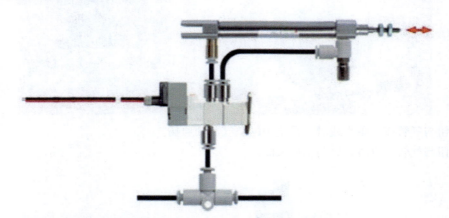

但是，如果有利于从活塞杆伸出的情况下起动，则可以切换两个端口。

电磁阀可以使用扎带连接到机器人。注意：不要用扎带盖住电磁阀的排气口，如果发生这种情况，气缸将不会动作。

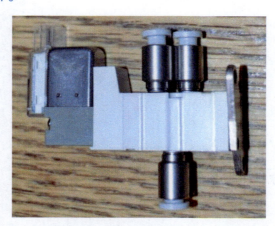

阀门顶部有一个蓝色小按钮，可以使用星形驱动钥匙或笔等小工具按下。断电情况下按下此按钮将可以手动控制以测试进入气缸的气流。

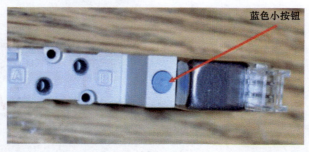

蓝色小按钮

电磁驱动器：带驱动器的电缆一端插入双向电磁阀，另一端提供与 V5 主控器上 3 线端口的连接，若电缆长度不够可以使用 3 线延长线来延伸。

4.1.3 双向气缸

气缸两端都有一个端口。活塞杆上装有两个螺母,这些可用于连接活塞杆枢轴。

气缸的前部带有螺纹,可作为常规安装气缸方法不方便操作时的替代方法,在一个结构件上钻孔,插入气缸,然后用气缸螺母固定。

如果不使用这种连接方法,可以卸下螺母以减轻机器人的重量。

流量计:M5 弯头流量计用于流量控制,可以拧入气缸的顶部端口。

流量计可以控制通过气缸的气流,从而控制活塞杆伸出和缩回的速度。

流量计可以通过向上转动内圈增加流量或向下转动减少流量来调节,调节时可以使用一字螺丝刀来辅助转动环。

通过将活塞杆枢轴放在活塞杆螺纹部分的两个螺母之间,可以将其连接到活塞杆上。

注意:安装气缸时,不要在活塞杆上施加侧向力。如果活塞杆弯曲,气缸将无法工作。

当阀门将气压释放到气缸底部时，双作用气缸工作。气压推动内部活塞的表面区域，从而迫使活塞和活塞杆脱离气缸。随着活塞杆移出，废气从气缸顶部流出。

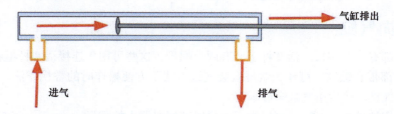

阀门也可以设置为将气压释放到气缸顶部。发生这种情况时，气压会将活塞和活塞杆推回气缸。随着活塞杆移入，废气从气缸底部流出。

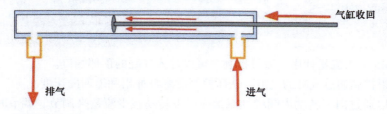

双向气缸的布局示例：
1）空气将从充气泵充入储气罐。
2）加压空气从储气罐另一端的接头流出，进入开关。
3）来自开关的压缩空气将供给压力调节器。
4）空气将从压力调节器流入双向电磁阀。
5）根据电磁阀的状态，空气要么从 B 口流出并进入气缸顶部，要么从 A 口流出并进入气缸底部。
6）电磁阀将由连接到 V5 主控器 3 线端口的电磁驱动电缆控制。

4.1.4　气缸链接图

两个储气罐串联连接方式如下，可以储存更多的气体。

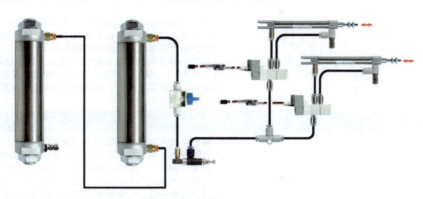

一个电磁阀控制两个气缸，两个气缸需要同步动作或者相反动作（一个收缩、一个推出）。

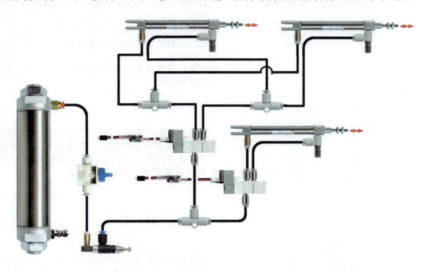

4.2　第二代气动系统

第二代气动相关套件情况如下。

	储存
储气罐	储气罐是一种用于储存压缩空气的圆柱形容器。 它有两个端口，可以适配不同的配件。一个端口包含用作入口的阀杆。另一个端口用作出口，可以适配下面列出的一些其他配件。 可以使用扎带将储气罐连接到机器人或项目上。 请记住，就像电池电量不足时需要充电一样，储气罐气压不足时也需要重新充气。而且，就像使用完机器后关闭机器一样，使用完毕后也应该将储气罐的空气排出。

VEX VRC 机器人快速入门教程

（续）

	储存	
气门杆		气门杆是一个金色的小部件，看起来像自行车或汽车轮胎上的压力入口（也称为美式气嘴）。可以使用 M5 螺纹将其牢固地拧入储气罐或直型内螺纹接头中 其是一种单向阀，可以让空气进入，但不能排出，这意味着一旦阀门上取下充气泵，它就会关闭以保证空气不泄漏。不过可以通过推动阀杆中心的销钉来释放储气罐中的空气
	压力监测	
气压调节器		系统中的气压调节器就像气压的控制旋钮。当储气罐中的压力降低时，调节气压可以使气缸以恒定的力运行 例如，如果储气罐最初加压至 100psi[①]，则储气罐中的压力会随着气缸的每次起动而降低。如果没有气压调节器，气缸的力将不一致，它会随着储气罐中压力的减小而减小 例如，如果将气压调节器设置为 50psi，则所有驱动气缸的力将保持一致，直到储气罐压力降至 50psi 以下 因此，通过调节压力，气缸将以更小的力运行，但更一致。在空气耗尽之前，可以从气缸获得更多的驱动 可以将配件连接到调节器的入口（空气进入的地方，用浮雕三角形表示）和出口（空气排出的地方）。然后，可以通过转动黑色表盘来改变流出的空气压力，这可确保压力不会超过特定限制值
气压调节器支架		气压调节器支架用于将气压调节器安装到机器人上 拆下气压调节器旋钮附近的黑色螺母，然后将支架滑入，装回螺母并拧紧，将气压调节器固定到支架上。可以使用标准 VEX 硬件将支架连接到机器上
气压表		系统中的气压表可以指示储气罐或系统中的压力有多少，具体取决于其安装位置。它通常放在调节器之前，查看总压力。气压表具有 M5 螺纹，因此可以将其连接到直型内螺纹接头或直接连接到任何 M5 孔，例如储气罐上的孔
	配件	
直型外螺纹接头		当需要将气管连接到储气罐、气压调节器、电磁阀或气缸时，请使用直型外螺纹接头 将 M5 螺纹拧入需要连接到气管的设备，然后将气管推入配件的红色端 要从接头上松开气管时，请按红色释放按钮并拆下气管

---

① 1psi=6.895kPa，后同。

第 4 章　气动系统

（续）

配件		
弯头接头		弯头接头与直型接头类似，但气管以 90° 角引出 M5 螺纹可以拧入需要连接气管的设备，然后将气管推入配件的红色端 要从接头上松开气管时，请按红色释放按钮并拆下气管 弯头接头还有一个安装孔，可用于将其固定到机器人上
空气流量阀配件		空气流量阀配件用于控制气缸动作的速度。与控制气缸运动力的气压调节器不同，空气流量值控制影响速度的流量 空气流量值通常安装在想要控制速度的气缸的端口上
三通接头		三通接头因其类似"T"形状而得名，可在气动系统中将 3 根气管连接在一起 例如，可以使用它连接气瓶、气压表，并使用第三个出口向系统的其余部分供气 气管被推入配件的红色端 要从接头上松开气管时，请按红色释放按钮并拆下气管 三通接头有两个安装孔，可用于将其固定到机器人上
直型内螺纹接头		当需要将 M5 外螺纹连接到一根管子时，请使用直型内螺纹接头。例如，可以使用该配件连接气压表 设备的 M5 外螺纹可拧至该接头的内螺纹上，然后将气管推入配件的红色端 要从接头上松开气管时，请按红色释放按钮并拆下气管
4mm 插头		插头的一侧有一根黑色管，另一侧有一个小手柄，其是关闭气动系统中开口端的有用工具。它可以紧密地安装到任何未使用的气动接头中，并且尺寸与气管相同 这对于像电磁阀这样的部件很有用，因为未使用的输出口可能会让空气逸出。可以将此插头直接插入配件中以阻止空气逸出，而不必使用三通配件重新布置额外的气管。这可确保所有压缩空气保留在气动系统中，从而提供了一种节省空间并有效使用系统的方法

VEX VRC 机器人快速入门教程

（续）

	气管	
切管器		切管器是气动工具包的重要组成部分，用于将气管切割至合适的长度。 其三角形刀片可实现干净、笔直的切割，有助于防止空气泄漏。 要使用它，请将管材放入切管器中并挤压以进行整齐的切割。因为刀片很锋利，要小心使用刀具。该工具有助于使系统尽可能良好地运行
4mm 管材		气动套件中的 4mm（外径）、2.5mm（内径）聚氨酯（PU）气管的用途是将加压空气从一个部件移动到另一个部件，就像静脉在我们体内输送血液一样，该气管在装置中移动空气 使用切管器可以将气管切割成任意长度
	手动控制	
截止阀配件		截止阀配件有一个阀门，可用于打开和关闭气流 截止阀接头上标有箭头，表示气流方向。 确保连接正确，以便空气沿正确的方向流动 可以通过转动顶部旋钮来控制空气流量：当转动顶部旋钮使其与气流形成 T 形时，阀门关闭；当转动顶部旋钮使其与气流一致时，阀门打开。 关闭阀门可防止空气流向系统的其余部分，从而防止不使用时空气流失，并确保系统安全
	电子控制	
双向电磁阀		双向电磁阀由 V5 主控器控制。可以对机器人进行编码，将空气引导到电磁阀上的两个出口之一，这些出口通常用于控制伸出或缩回气缸 可以将直型接头或弯头接头连接到电磁阀上的端口，然后连接气管以将空气输送到系统的其他部分 有两个标记为 P 的端口，电磁阀的两侧各一个。 这是连接加压空气源的地方。可以使用另一个 P 端口将压缩空气连接到系统的其他部分 加压空气可被引导至端口 A 或端口 B，其由程序控制 有两个标记为 R 的排气口，气缸动作时废气从此处排出。这些端口是通孔，这意味着两者是连接在一起的
双向电磁阀驱动电缆		双向电磁阀驱动电缆将双向电磁阀连接到机器人的 V5 主控器 电缆的一端有一个 3 线插头，可连接到主控器上的 3 线端口。另一端是两个插座，可连接到电磁阀上的每个插头 带有黑色和红色电缆的连接器应连接到电磁阀标记为 A 的一侧，带有绿色和白色电缆的连接器应连接到电磁阀标记为 B 的一侧
	气缸	
25mm 行程气缸		套件中的气缸有三种尺寸，可将压缩空气转化为前后运动，并且由于具有双向功能，因此可以伸出（推）和缩回（拉）。每种尺寸的"行程长度"（即气缸在一个周期内移动的距离）都不同，因此可以满足不同的项目需求 可以使用直型接头、弯头接头或空气流量阀接头将气缸连接到气管，这就形成了一种将气压转化为运动的装置。向气缸提供的压力越大，它施加的力就越强，因此压力越大意味着力越大。气缸的活塞杆具有 #8-32 螺纹，使其与标准 VEX 硬件兼容
50mm 行程气缸		
75mm 行程气缸		

第 4 章 气动系统

4.3 气缸系统

4.3.1 单缸系统

单缸系统仅使用一个气缸，适合需要单一运动的操作。机器人可以使用该系统执行特定任务，例如移动爪子或释放机构。同时单缸系统中的概念还可以扩展到多缸系统。

如下所示的设置是单缸系统的高级版本，使用了 V5 气动套件中的大多数组件。

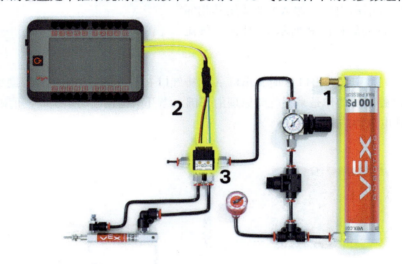

上图突出显示了对系统运行至关重要的组件，包括：

1）储气罐为气动系统提供压缩空气。

2）双向电磁阀驱动电缆，用于机器人主控器控制电磁阀。

3）双向电磁阀，以电子方式控制系统内的空气流动（该电磁阀的操作如下文所述）。

首先，将双向电磁阀驱动器电缆连接到电磁阀，将蓝色和白色电线插头接在插座 B 的这一侧，将红色和黑色电线插头接在剩余的插座中。

蓝色和白色电线插头必须连接到电磁阀上标有"B"的一侧。不这样做会引起翻转逻辑，导致气缸在想要缩回时伸出。

标记为 P 的入口接收压缩空气，而出口 A 和 B 连接到相应的气缸。

引导至出口 A 的气流会带动出口 B 通过排气口 R 排出空气，从而实现气缸运动。该排气过程释放废气，促进相反方向的运动。虽然出口 R 处不需要任何附件，但了解其在空气释放过程中的作用非常重要。

如上图将空气引向出口（如 A）会关闭其相邻的排气口（如附近划斜杠的 R 所示），从而将气流集中到气缸。

如上图当空气被引导至出口 B 时，出口 A 的排气口 R 打开以排出空气，帮助气缸运动。

掌握这些电磁阀的动作是掌握气动原理的基础。当开始构建气动系统时，请确保在进行编程之前充分了解电磁阀的操作。

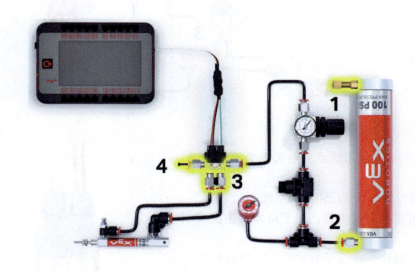

套件中的一些重要组件可以更换为其他组件。这些显示在上面所示的配置中，包括：

1）阀杆：阀杆对于向系统添加压缩空气至关重要。在具有多个储气罐的系统中，可以用其中一个储气罐上的气压表或另一个直型接头来代替。

2）储气罐上的配件：这些配件可以防止漏气，并且可以更换为不同的配件，但必须在储气罐上使用两个安全配件以避免漏气。

3）双向电磁阀上的接头：连接需要这些接头，同时根据情况还可以使用弯头接头代替。不过请勿在此处使用气流阀配件，因为这些配件是用于气缸的。

4）双向电磁阀上的 4mm 插头：4mm 插头用于关闭端口，如没有插头时可以通过将接头管线连接回原来的供气管线来代替。然而，这会需要更多的气管和三通接头。

第 4 章 气动系统

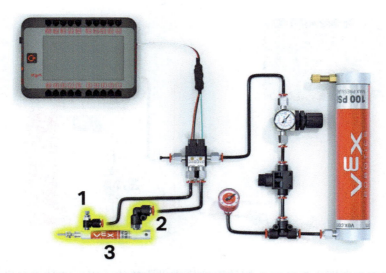

套件中还有其他组件，也可以更换为不同的组件。这些显示在上面所示的配置中，包括：

1）空气流量阀配件：作为气缸的第二个连接，可以改变气流。可以将其替换为直型接头或弯头接头。

2）弯头接头：用于将气管连接到气缸，也可以使用直型接头或空气流量阀接头。

3）气缸：该套件提供三种尺寸以满足需求。

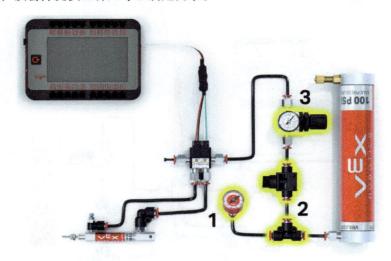

套件中的一些重要组件可以更换为其他组件。这些显示在上面所示的配置中，包括：

1）系统开始处的三通接头将储气罐的输出端口一分为二，一端可以连接气压表。气压表可以显示储气罐的压力。

2）将截止阀配件添加到系统中可以提供一种可靠的方法来关闭系统，防止其始终处于开启状态。

3）可选的气压调节器（带有两个直型接头）可用于控制系统压力。它在压缩空气有限的比赛中特别有用。使用气压调节器，可以使系统在以低于储气罐压力的压力下运行，从而提高一致性。

61

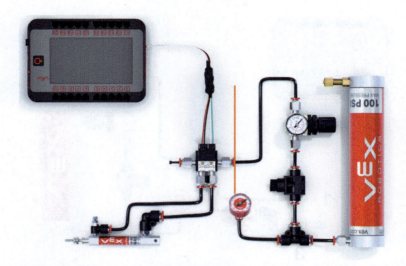

在单缸系统中，上图中橙色线右侧的组件构成供应管线，用于准备并提供压缩空气。其中包括储气罐、手动控制组件、电子控制组件，有时还包括压力监测组件（气压调节器和气压表），这些组件影响整个系统。橙色线左侧的组件是输送系统的一部分，其中包括气缸，有时还包括气压表。配件和气管连接所有组件并分布在整个系统中。

4.3.2 两缸系统

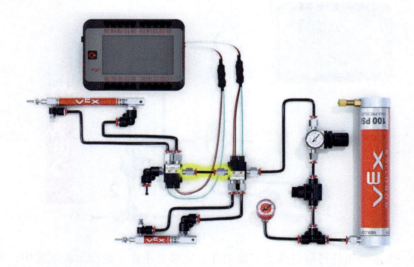

两缸系统使用两个气缸来进行不同的运动。例如，一个可以控制机器人的手，而另一个则可以控制机器人力臂结构。这样，机器人可以同时夹住物体并抬升物体，从而优化效率。

与单缸系统不同，两缸系统通过供应管线连接两个电磁阀（上图中标黄显示的组件），允许空气流通。

第 5 章

VEX 工具

工具在 VEX 搭建与维修过程中起着重要作用，首先在机器人构建和装配过程中，工具用于组装机器人的各个部件，包括金属结构、电动机、传感器、轮子等。这些工具包括螺丝刀、扳手、钳子等，用于拧紧螺栓、连接器等，并确保机器人结构稳固。其次在调试和维护过程中，机器人在比赛期间可能会出现各种问题，如松动的螺栓、断裂的连接器、电路故障等，工具用于快速检查和修复这些问题，以确保机器人在比赛中能够正常运行。

5.1 台虎钳

台虎钳是一种常见的机械夹具，通常用于夹持工件以进行加工或固定工件以便进行其他操作。台虎钳通常由两个可调节的夹爪（或夹口）和一个固定的底座组成，夹爪通过螺杆或手柄进行开合操作，以夹紧或释放工件。其在机械加工、木工、金属加工等领域都有广泛的应用，在 V5 系统中可以用于夹取 C 形梁、钢轴等零件。

5.2 钢锯

钢锯是用于切割金属或其他坚硬材料的工具。其通常由一个手柄和一个带有锯齿的刀片组成。钢锯的刀片通常比较硬，能够在较高的速度下切割金属等材料，在 V5 系统中可以用于切割 C 形梁、钢轴等。

5.3 锉刀

锉刀是一种用于修整、打磨和加工金属、木材等材料表面的工具。其通常由一个刀片和一个手柄组成，刀片上有一系列的锉齿，用于去除材料表面的不平整或修整边缘。锉刀锉齿分为粗齿、细齿。锉刀根据形状分为圆锉、扁锉、半圆锉。握住锉刀的手柄，将锉刀的刀片平行于待加工表面，用均匀的压力和持续的动作将锉刀在待加工表面上来回移动，直到达到所需的加工效果。注意锉刀方向：锉刀的锉齿通常是朝一个方向排列的，因此要确保将锉刀沿着锉齿的方向移动，以获得更好的加工效果。

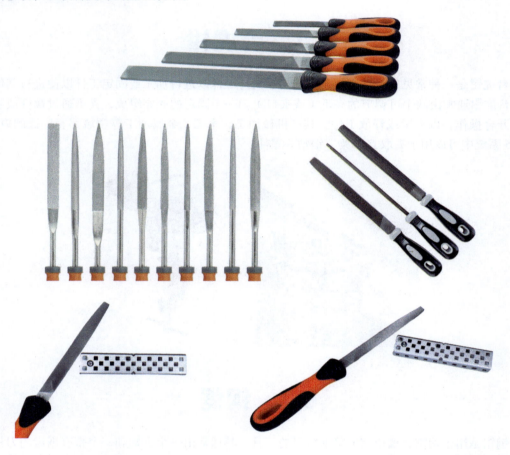

5.4 手持电钻

手持电钻是一种便携式电动工具，用于钻孔、扭紧螺纹、拧螺钉等作业。其由一个手柄和一个电动驱动机构组成，通常由电池供电或也可接通电源使用。手持电钻通常配备有不同类型和尺寸的钻头（例如 3.5mm、4mm、8mm、8.5mm）和螺丝刀头，以满足各种加工需求。在 V5 系统中可以用于在 C 形梁、粗轴上钻孔。

第 5 章　VEX 工具

5.5　工业级铁皮剪

　　铁皮剪是一种用于剪切金属板材或铁皮的工具。其通常由两个锋利的刀片组成，通过手柄上的杠杆机构来施加力量，以便剪断金属材料。铁皮剪可用于剪切薄钢板、铝板、铜板等材料，常见于建筑、汽车维修、金属加工等行业。在 V5 系统中可以用于剪切 C 形梁、铝板、塑料、PVC 等。

5.6　电动螺丝刀

　　电动螺丝刀是一种电动工具，用于快速拧紧或松开螺钉。其通常由一个手柄和一个电动驱动机构组成，配有各种规格和类型的螺丝刀头，以适应不同类型和大小的螺钉。电动螺丝刀通常由电池供电或也可接通电源使用。电动螺丝刀需要配置 T15 批头与 T8 批头。

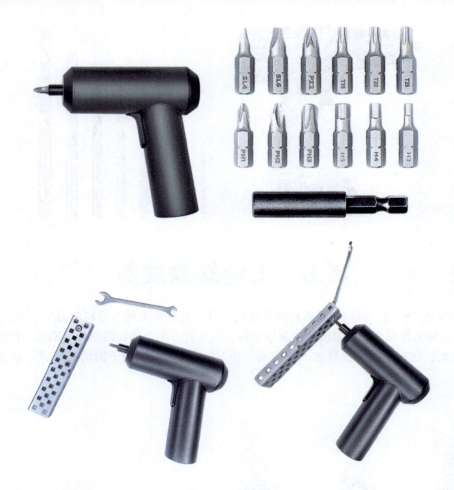

5.7　毛刺修边倒角器

　　毛刺修边倒角器是一种用于处理金属、塑料、木材等材料的工具，其主要功能是去除工件边缘的毛刺和锐角，使其表面更加光滑和安全。这种工具通常包括一个手柄和一个旋转刀具，刀具通常是一个带有锋利刃口的旋转刀片。在 V5 系统中可以用于去除电钻钻孔的毛刺，打磨粗轴孔。

5.8　打孔定位器

打孔定位器是一种用于帮助确定工件上钻孔位置的工具。其通常由一个基座和可调节的定位夹具组成。使用打孔定位器时，首先将工件放置在基座上，然后调整定位夹具，使其与所需钻孔位置对齐。一旦确定了钻孔位置，就可以使用打孔定位器上的标记或刻度来确保准确的定位。接下来，可以使用钻头或其他钻孔工具在预定的位置上进行钻孔。打孔定位器通常用于木工、金属加工、家具制造等领域，以确保钻孔位置的准确性和一致性。其可以提高工作效率，并减少因定位错误而导致的浪费和损坏。在 V5 系统中可以用于在粗钢轴、C 形梁、PVC 上钻孔。

5.9　热弯枪

热弯枪是一种用于加热和软化塑料管材以便弯曲的工具。它通常由一个手持部分和一个加热元件组成，加热元件可以是一个金属管或线圈，通过通电加热来软化塑料管材。使用热弯枪时，操作者通常将加热元件对准塑料管材的待弯曲部分，使其软化，然后通过适当的手动操作使其弯曲到所需的角度。

使用热弯枪时需要注意安全，避免热源接触到人体或其他易燃材料，同时也要注意不要过度加热塑料管材，以免造成变形或损坏。在 V5 系统中可以用于 PVC 管弯曲。

5.10　充气泵

充气泵是一种用来给物体充气的设备，其通常通过电动或者手动的方式来提供压力，从而将气体送入物体内部。充气泵可以用于充气多种物体，比如车胎、自行车胎、游泳圈、充气床、足球、篮球等。在 V5 系统中可以用于对储气罐进行充气。

5.11　PVC 切割刀

PVC 切割刀的刀片通常采用锋利的不锈钢或碳钢制成，以确保切割的精准度和耐用性。在 V5 系统中可以用于 PVC 的切割。

5.12　套筒

套筒通常指的是一种用于拧紧或松开螺母、螺栓的工具。其是一种中空的金属筒状物,内部有与螺母或螺栓相匹配的六角形或者其他形状的孔,以便将其套在螺母或螺栓上进行操作。套筒通常连接在扳手、扳手柄或者其他扭力工具上使用,以提供额外的扭力和操作便利性。在 V5 系统中可以用于拧紧或松开螺母。

5.13　螺丝刀

螺丝刀是一种用于拧紧或松开螺钉的工具,通常由一个手柄和一个带有螺旋槽的刀头组成。螺丝刀的刀头形状和尺寸应与要处理的螺钉相匹配,以确保良好的接触和操作效果。螺丝刀的主要作用是将螺钉拧入或者拧出物体,常见于各种机械装配、家具组装、电子设备维修等场合。

型号	图片
T8	手柄长度 (81mm)　刀杆长度 (60mm)
T15	手柄长度 (98mm)　刀杆长度 (80mm)

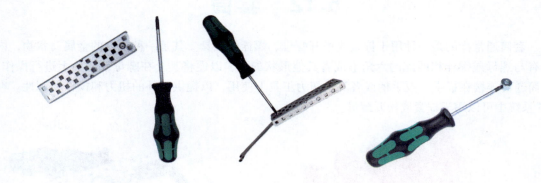

5.14　官方扳手

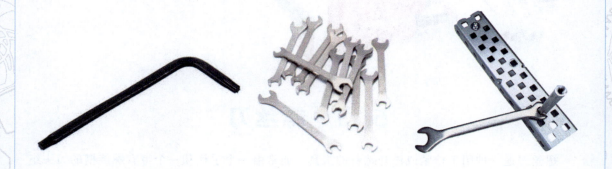

5.15　定位冲子打孔器

　　定位冲子打孔器是一种用于在材料上打孔并确保打孔位置准确的工具。其通常由一个手柄和一个可更换的冲子组成。在 V5 系统中可以用于粗轴打孔前的基础定位，方便钻孔时不偏离目标位置。

5.16　打孔机

打孔机是一种用于在纸张、皮革、塑料等材料上进行打孔的机械设备。其通常由一个基座、一个打孔头（也称为钻头或冲头）、一个操作手柄或电动驱动系统组成。打孔机的打孔头可以根据需要更换不同形状和尺寸的孔径。在 V5 系统中可以用于 PVC 打孔，打孔孔径一般为 5mm，深度为 4～13mm。

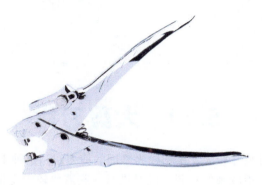

5.17　尖嘴钳

尖嘴钳也称为长鼻钳或细嘴钳，其主要特点是钳嘴非常细长，尖端呈尖锥形状。这种设计使得尖嘴钳能够在狭窄的空间中操作，并且能够更精确地夹持小物件。

5.18　压线钳及水晶头

在网络布线中，常常需要将网线插入到水晶头中，以连接到网络设备，如路由器、交换机或计算机网卡。压线钳就是用于将网线压接到水晶头上的工具。

名称	多功能压线钳	水晶头（4P4C）	线（4P）
图片	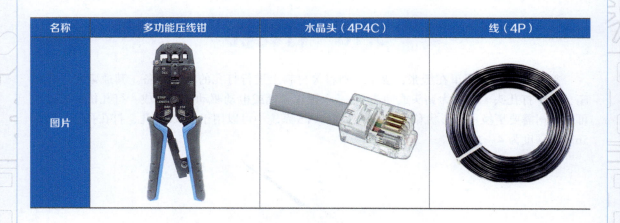		

5.19　大剪刀钳

　　大剪刀钳指的是一种尺寸较大、结构较为坚固的剪刀钳。这种工具通常用于剪断较粗的金属线、电缆、绳索、铁丝等较硬的材料，以及进行一些需要较大力量的剪切工作。在 V5 系统中可以用于剪切细钢轴，推荐使用 14in 大剪刀钳。

5.20　砂轮机

　　砂轮机也称为磨床，是一种常见的金属加工机床，用于对工件进行磨削加工。其主要通过砂轮旋转与工件接触，将工件表面的不平整、毛刺、磨损等部分去除，从而获得精确的尺寸、平滑的表面和高质量的加工效果。在 V5 系统中可以用于打磨钢轴、C 形梁、轴承底座等。

5.21 镊子

镊子是一种常见的工具，其通常由两个杠杆式的手柄和两个夹持物品的夹爪组成。夹爪的设计可以根据需要有不同的形状和尺寸，用于夹持和操作各种小物件，如垫片、螺母、螺钉等，在 V5 系统中推荐使用 18cm 直头与弯头镊子。

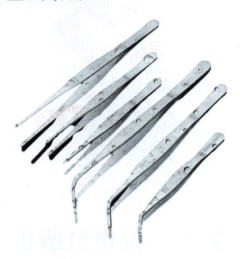

5.22 美工刀

美工刀是一种常用的工具，其通常用于进行精细的切割、雕刻、修剪等工作。它的设计结构相对简单，通常由一个刀片和一个手柄组成，手柄可以由塑料或者金属制成，而刀片则可以更换，以便于在不同工作场景下选择合适的刀片。在 V5 系统中可以用于切割轴承底座、垫片等。

5.23　大力 F 夹木匠夹紧器

　　大力 F 夹木匠夹紧器是一种夹紧工具，其通常用于木材、金属加工等行业中。这种夹紧器具有强大的夹紧力，用于固定工件，使其在加工过程中保持稳定。

5.24　锂电打磨机

　　锂电打磨机是一种使用锂电池作为电源的打磨工具。其通常用于对木材、金属、塑料等材料进行表面抛光、磨削和修整等工作。

　　■ 锂电打磨机不需要外接电源，其使用锂电池作为电源，因此具有很好的便携性，可以在室内外各种场所使用。

　　■ 锂电打磨机通常具有较高的转速和强大的磨削能力，能够快速有效地完成磨削任务。

　　■ 一些型号的锂电打磨机具有可调速功能，可以根据不同的工作需求调节转速，以获得更精细的磨削效果。

第 6 章

VEX VRC挑战赛与机器人结构设计

2023—2024赛季VEX VRC挑战赛的主题是"粽横天下",其在12ft×12ft(约3.66m×3.66m)的正方形场地上进行,如下图所示。

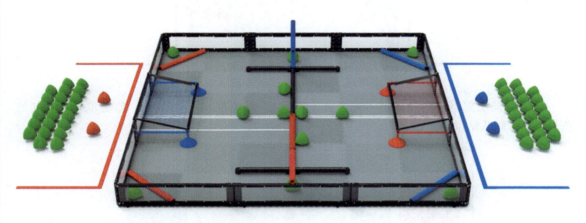

在对抗赛中,两支联队(红队和蓝队)各由两支赛队组成,在包含前15s自动赛时段和后1min45s手动控制时段的赛局中竞争。

赛局目标是通过使用粽球在球门内得分,并在赛局结束时提升机器人,以获得比对方联队更高的得分。

自动赛时段结束时,任意联队完成3个指定任务,将获得自动获胜分。

在自动赛时段得分最高的联队将获得自动时段奖励分。

赛队也可以参加技能赛,技能赛是让一台机器人尽可能多地得分。

6.1 场地概览

VEX VRC挑战赛"粽横天下"的场地包含如下要素:
(1)60个粽球。
1)4个联队粽球,双方联队各2个,可作为预装。
2)44个作为赛局导入物,双方联队各22个。
3)12个在场地上的初始位置。
(2)2组提升杆,双方联队各1个。
(3)2个球门,双方联队各1个。
(4)4个赛局导入杆/赛局导入区,双方联队各2个。
场地初始布局俯视图如下,高亮标示了粽球(黄色)、红方联队球门(红色)、蓝方联队球门(蓝色)。

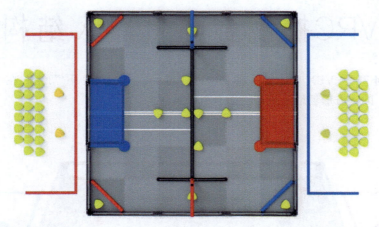

场地俯视图如下,高亮标示了提升杆(粉色)、赛局导入区(橙色)、红方联队站位(红色)和蓝方联队站位(蓝色)。

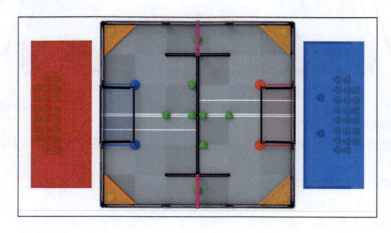

6.2 赛局相关定义

(1)牵制:机器人的一种状态。如果一台机器人符合以下任一标准,则视为牵制。

1)围困:将对方机器人的动作限制在场上的狭小区域(不大于一块泡沫地板的尺寸),没有逃脱的路径。若某个机器人未试图逃脱,则其不视为被围困。

2)锁定:阻止对方机器人接触围栏、场地、竞赛道具,或其他机器人。

3)抬起:通过抬高或倾斜对方机器人,使其离开泡沫垫来控制对方的动作。

(2)违规:违反竞赛手册中规则的行为。

1)轻微违规:不会导致DQ(取消资格)的违规。

2)重大违规:导致DQ的违规。

3)影响赛局:在赛局中改变胜负方的违规。

(3)赛局:一个设定的时间段,包含自动赛时段和手动控制时段,在这段时间内,赛队使用本赛季的粽横天下规则通过比赛获取分值。

1）自动赛时段：这是一局比赛开始时的一个时段，此时机器人的运行和反应只能受传感器输入和队员预先写入机器人主控器的命令的影响。

2）手动控制时段：由上场队员通过遥控器控制机器人运行的一个时段。

6.3　特定赛局相关定义

（1）棕球：一种绿色、红色或蓝色的塑料得分物，像略带圆弧的金字塔形状，这种形状被称为勒洛（圆弧）三角形。每个棕球的高度约为6.18in，重量为103~138g。下图为用于VRC挑战赛"棕横天下"的3种颜色的棕球。

（2）联队棕球：4个棕球，双方联队各2个，与各自联队的颜色一致，不是绿色。联队棕球可作为预装或赛局导入物。

（3）障碍杆：黑色结构，指内径为2in、外径为2.375in的PVC管及相关连接件/硬件，位于场地中间。某些规则中，障碍杆被分为1根长障碍杆和2根短障碍杆，但通常统称为"障碍杆"。

高亮标示了短障碍杆（黄色）和长障碍杆（绿色）的场地图如下。

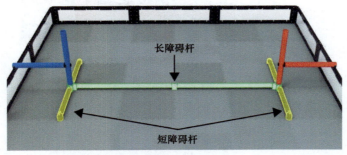

（4）成对：联队的一种状态。如果联队的2台机器人在同一个进攻区域内，则该联队符合"成对"的定义。机器人须符合以下标准，才视为此定义中的"在同一个进攻区域内"。

1）接触区域内的灰色泡沫垫。

2）不接触长障碍杆。

3）不接触任何提升杆。

（5）提升：机器人的一种状态。如果机器人在赛局结束时符合以下标准，则视为提升。

1）机器人至少接触以下要素之一：

① 一处或多处本方联队的提升杆。

② 中立区向所属联队一侧的任何障碍杆部分（即直接与其联队提升杆相连接的 3 根黑色 PVC 管）。

③ 1 台符合此定义中 ①~②点要求的联队伙伴的机器人。

2）机器人不接触任何第 1）点所列以外的场地要素，包括灰色泡沫垫、围栏、球门、对方联队的提升杆等。不过接触（或持有）棕球与确定机器人的提升状态无关。

3）机器人不接触黄色的提升杆盖。

4）机器人不接触一台未提升的联队伙伴机器人。

下面机器人视为提升，因为符合上述所有标准。

下面两台机器人均视为提升，因为它们都符合上述所有标准。

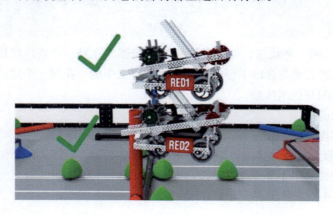

下面机器人不视为提升，因为它接触了围栏。

红方机器人1正接触泡沫垫上的红方机器人2，因此它们均不视为提升。

在 VEX U 或 VAIRC 中，下面机器人不视为提升。而在 VRC 中，此提升杆盖不再安装，则视为提升。

（6）提升杆：用联队颜色区分的 PVC 管，2 根红色和 2 根蓝色，位于障碍杆的两端。

（7）提升杆盖：每组提升杆顶部的黄色塑料片。提升杆盖是独立的场地要素，不视为提升杆的一部分。（从竞赛规则 3.0 版开始，提升杆盖从 VRC 对抗赛及机器人技能挑战赛中移除了。仅在 VEX U 及 VAIRC 中安装）

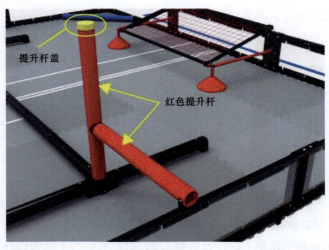

（8）提升等级：赛局结束，一种代表达成提升的机器人离地高度的状态。机器人的提升等级是通过将高度标尺垂直放置在提升的机器人旁边，来判断机器人的最低点处在高度标尺上字母标记的哪个区间。高度标尺上的每条白色线视为其正下方字母代表的等级区间的一部分，换言之，机器人必须明显地"在线上方"才可计入更高的提升等级。

下图中该机器人视为处在提升等级 E。

下图中该机器人不完全在提升等级 D 和 C 之间的白线之上，它视为处在提升等级 C。

下图中虽然粉色高亮的机器人比黄色高亮的机器人高一点，但它们均视为处在提升等级 D。

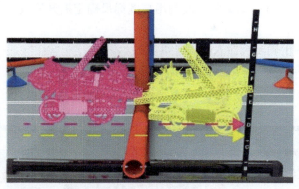

下图中黄色高亮的机器人视为处在提升等级 G，粉色高亮的机器人视为处在提升等级 J，因为没有更高的等级了。

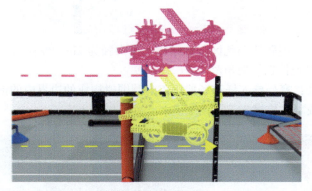

（9）球门：场地两边用联队颜色区分的网状结构，红方和蓝方各 1 个，可通过将棕球放入其中得分。

作为场地要素，"球门"包括网和所有支撑结构/硬件（如 PVC 管和塑料底座）。

作为一种得分及竞赛道具，"球门"是以其 PVC 管的最外沿的垂直投影面内的场地泡沫垫上方和网的表面下方为边界构成的三维立体空间。下图所示为得分的三维外边界用绿色高亮标示的球门。

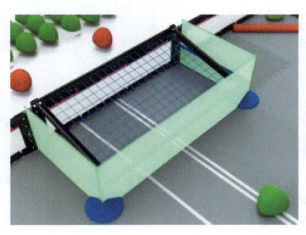

（10）高度标尺：直径约为 0.84in，长度约为 36in 的黑色 PVC 管，用白色字母标示刻度，每段度量区间约为 3.6in。赛局结束时，裁判用高度标尺确定提升等级。高度标尺是工具，不是场地要素。

下图为高度标尺用于确定机器人的提升等级的示例。

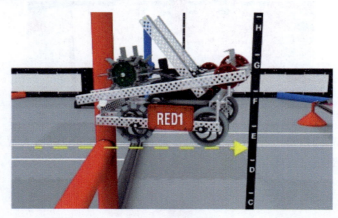

（11）赛局导入杆：用联队颜色区分的结构，指内径为 2in、外径为 2.375in 的 PVC 管及相关连接件/硬件，斜跨连接在场地角落。

（12）赛局导入区：赛局导入杆和场地角落内侧围栏构成的边界内的泡沫垫部分。

下图为 VRC 挑战赛"粽横天下"场地上的 4 处赛局导入区。

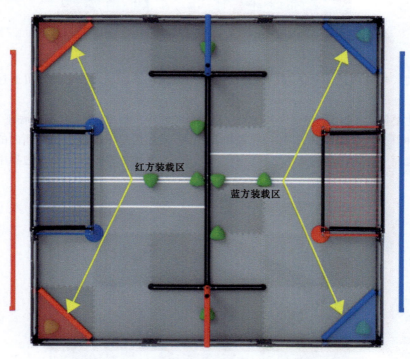

（13）中立区：由白色胶带线、障碍杆和围栏为边界构成的 2 个区域之一。中立区是灰色泡沫垫本身，不是三维空间。

下图为中立区（蓝色）和自动时段分界线（黄色）及各自边界的示意图。

第 6 章 VEX VRC 挑战赛与机器人结构设计

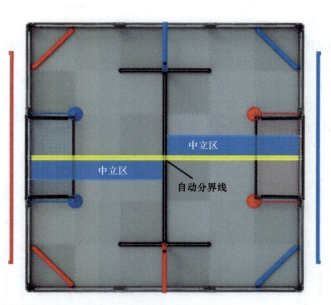

（14）进攻区：场地的两个半场之一，由障碍杆分隔开。

1）双方联队各有 1 个进攻区。联队进攻区是离本方联队站位最远和离本方颜色一致的球门最近的一侧。

2）每个进攻区由障碍杆一侧的灰色泡沫垫构成，进攻区不是三维空间。

3）长障碍杆不属于任何一方的进攻区。

4）赛局导入区不属于任何一方的进攻区。

下图为双方进攻区及各自边界的示意图。

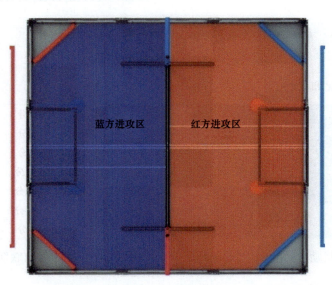

（15）碰撞：机器人与棕球的一种状态。如果机器人有意用其平面或凸面沿首选方向移动棕球，则该机器人被视为碰撞棕球。

（16）持有：机器人与棕球的一种状态。如果机器人的方向改变会导致棕球受控运动，则视这台机器人持有该棕球。通常要求至少满足如下一项：

1）棕球完全被机器人支撑。
2）机器人利用其凹面（或在多个机构/面形成的凹角内），沿首选方向移动棕球。
（17）预装：某个联队棕球，赛局开始前装入机器人。
（18）得分：棕球的一种状态。
（19）起始垫：灰色泡沫垫之一，这些泡沫垫沿着围栏边缘且位于各自联队站位右侧。
下图为机器人起始垫及各自边界的示意图。

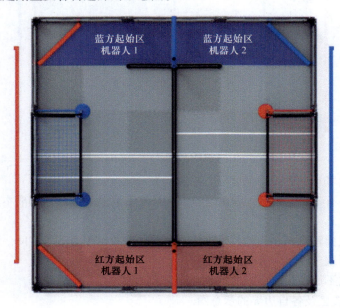

6.4 记分

相关的得分情况如下。

自动时段奖励分	8 分
每个在球门内得分的棕球	5 分
每个在进攻区内得分的棕球	2 分
提升：最高级	20 分
提升：第二级	15 分
提升：第三级	10 分
提升：第四级	5 分

（1）自动时段奖励分：自动时段结束后，完成以下所有任务的任何联队均获得自动时段奖励分。

1）将棕球从联队的赛局导入区移除，该区域与其起始泡沫垫相邻。例如在起始垫示意图中，红方联队须移除初始位置在左下角赛局导入区内的棕球，该区域与红方机器人 1 的起始垫相邻。

2）在本方联队的球门内至少有一个本方联队棕球得分。

3）自动时段结束后，至少一台机器人接触其本方的提升杆。
4）不违反其他规则。
注：1）点具体指在相关的赛局导入区附近开始赛局的机器人的动作。
（2）球门内得分：如果粽球符合以下标准，则视为在球门内得分。
1）不接触与球门同色的机器人。
2）至少两个角在球门内（即在网下且穿过构成球门区域的 PVC 管外沿的立面）。
注：在球门内得分的粽球则不再考虑其在该球门所在的进攻区内得分。
下图中所有的粽球均得分，因为它们有两个或更多的角在球门的边界内。

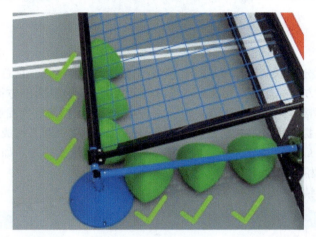

下图中绿色高亮的粽球得分，因为它有两个或更多的角在球门的边界内；红色高亮的粽球不得分，因为它只有一个角在边界内。

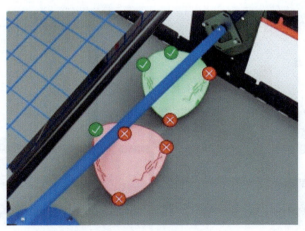

（3）进攻区内得分：如果粽球符合以下标准，则视为在进攻区内得分。
1）不接触与进攻区同色的机器人。
2）接触进攻区内的灰色泡沫垫。
注：进攻区得分是基于接触到每个进攻区内的灰色泡沫垫的。在判断任何边界情况时，裁判可以使用"纸张测试"方法（即在粽球下缓慢滑动一张纸），以确定其在哪方进攻区得分。如果粽球同时接触双方进攻区，则其在任何一方进攻区内都不得分。

下图中因为此棕球接触了双方进攻区,它在任何一方进攻区内都不得分。

(4)联队棕球得分:联队棕球可以在任何球门或进攻区内得分,且总是为与其同色的联队得分。例如,一个红方的棕球符合在蓝方球门内得分的定义,则其为红方得5分。

注:联队棕球不接触同色机器人方可得分。与对方机器人接触则不受影响。

(5)提升得分:提升得分是相对的,根据赛局结束时所有机器人达成的提升等级确定。提升最高的机器人获得最高的提升得分,之后是第二高,等等依次排序。如果多台机器人处在同一提升等级,则获得相同的分值。

机器人提升得分情况示例1如下。

机器人	提升等级	分值
红方1	C	第二级(15)
红方2	D	最高级(20)
蓝方1	A	第四级(5)
蓝方2	B	第三级(10)

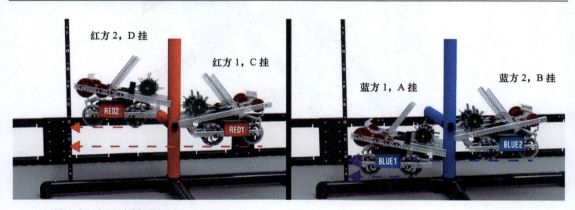

机器人提升得分情况示例2如下。

机器人	提升等级	分值
红方1	无	0
红方2	F	最高级(20)
蓝方1	F	最高级(20)
蓝方2	C	第二级(15)

第 6 章　VEX VRC 挑战赛与机器人结构设计

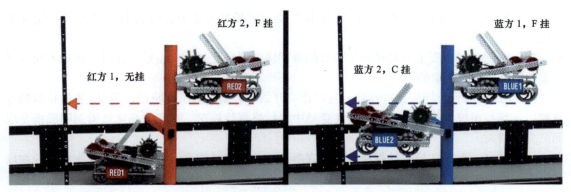

（6）机器人赛局起动尺寸限制：赛局开始时，每台机器人不得超出 18in（457.2mm）长 × 18in（457.2mm）宽 ×18in（457.2mm）高的立体空间。

注：只能在机器人满足 <R4> 的规定并且在没有相应影响的情况下通过验机，才可以利用外部的场地作用（如预装或场地围栏），来保持起动尺寸。

违规注释：对本条的任何违规，都将导致机器人在赛局开始前被移出场地，直至合规。

（7）保持机器人的完整：赛局过程中，机器人不得蓄意分离出部件或把机构留置在场上。

注：无意散落的部件属于轻微违规，不再被视为"机器人的一部分"，在任何涉及机器人接触或定位（例如得分、成对等）以及机器人尺寸的规则时应被忽略。

违规注释：对本条的重大违规应该很少，因为机器人不应被设计成故意违反此规则。轻微违规通常是由于机器人在比赛过程中被损坏，例如轮子脱落。

（8）不要将机器人锁定在场地上：机器人不得有意抓住、勾住或附着于任何场地要素上。禁止用机械结构同时作用于任一场地要素的多重表面，以图锁定该要素。此规定的意图是既防止赛队损坏场地，也防止他们把机器人锚固在场上。

注：本方联队的提升杆和赛局导入杆是本规则的例外，即夹住这些不会受到惩罚。

违规注释：对本条的重大违规应该很少，因为机器人不应被设计成故意违反此规则。

（9）只有上场队员且只能在其联队站位：赛局中，每支赛队最多有三名上场队员在其联队站位内，所有上场队员在赛局期间须始终在其联队站位内。

禁止上场队员在赛局中进行以下动作：

1）在联队站位区内携带或使用任何通信设备。关闭通信功能的设备（如处于飞行模式的手机）允许携带。

2）在赛局中站在任何物体上，无论赛台是在地面上还是被抬高。

3）在赛局中携带/使用额外的物料来降低竞赛难度。

（10）不接触场地：赛局中，上场队员不得蓄意接触任何棕球、场地要素或机器人。

1）在手动控制时段，只有机器人完全未动过，上场队员才可以接触其机器人。允许的接触仅限于：

① 开或关机器人。

② 插上电池。

③ 插上 V5 天线。

④ 触碰 V5 主控器的屏幕，如启动程序。

2）赛局中，上场队员不得越过场地围栏边界构成的立面。

3）传导接触，例如接触场地围栏使其与场内的场地要素或粽球接触，可被视为违反本规则。

注：任何对场地要素或粽球初始位置的疑问应在赛局开始前向主裁判提出，队员不允许擅自调整粽球或场地要素的位置。

（11）遥控器须与场控保持连接：每局比赛开始前，上场队员须将己方的 V5 主遥控器的竞赛端口与场控系统进行连接。该电缆在赛局中须始终保持连接，直到上场队员得到明确指令取回己方机器人。

违规注释：此规定旨在确保机器人遵守赛事软件发出的指令。在赛事相关工作人员的在场协助下，因检查赛局中的故障而临时拔掉电缆，不会被视为违规。

6.5 赛局规则

\<S1\> 安全第一。

\<S2\> 留在场地内。

\<G1\> 尊重每个人。

\<G2\> VEX VRC 挑战赛是以学生为中心的项目。

\<G4\> 机器人须代表赛队的技能水平。

\<G5\> 机器人赛局起动尺寸限制。赛局开始时，每台机器人不得超出 18in（457.2mm）长 × 18in（457.2mm）宽 × 18in（457.2mm）高的立体空间。

\<G6\> 保持机器人的完整。

\<G7\> 不要将机器人锁定在场地上。机器人不得有意抓住、勾住或附着于任何场地要素上。禁止用机械结构同时作用于任一场地要素的多重表面，意图锁定该要素。此规定的意图是既防止赛队损坏场地，也防止把机器人锚固在场上。

\<G8\> 只有上场队员且只能在其联队站位。

\<G9\> 不接触场地。赛局中，上场队员不得蓄意接触任何粽球、场地要素或机器人。

\<G10\> 遥控器须与场控保持连接。

\<G11\> 自动及无人介入。在自动赛时段，上场队员不允许以任何方式直接或间接地与其机器人互动。

\<G12\> 所有规则适用于自动赛时段。

\<G13\> 不要损坏其他机器人，但要准备好防御。任何旨在毁坏、损伤、翻倒或纠缠机器人的策略，都不属于 VEX 机器人竞赛的理念，所以是不允许的。

\<G14\> 进攻性机器人为"判罚受益方"。当裁判不得不对防御性机器人和进攻性机器人之间的破坏性互动，或有疑问的违规做出判罚时，他会偏向于进攻性机器人。

\<G15\> 不能迫使对手犯规。不允许蓄意导致对手犯规的策略，此种情况下不会判对方联队犯规。

\<G16\> 牵制不能超过 5 次计数。在手动控制时段，不得牵制对方机器人超过 5 次计数。

\<G17\> 粽球用于进行比赛。机器人不能试图用其机械装置控制粽球完成违规操作。

<SG1> 开始赛局

赛局开始前,机器人须按如下要求放置:

1)接触至少一块本方联队的起始垫。

2)不接触与其联队伙伴相同的进攻区内的任何起始垫。一台机器人须在红方进攻区,另一台机器人须在蓝方进攻区。不接触任何其他灰色场地泡沫垫,包括赛局导入区。

3)除最多一个预装以外,不接触任何其他棕球。

4)不接触其他机器人。

5)不接触任何障碍杆或提升杆。

6)可以接触围栏和/或赛局导入杆,但不是必须的。

7)完全静止(即无电动机或其他机构处于动作中)。

注: 在赛局导入区内起始的棕球,必须在赛局起始时接触赛局导入区。但是,在赛前设置过程中,它们可以由使用该赛局导入区附近起始垫的赛队重新放置。例如在下图中,红方 1 号机器人可以在左下角的赛局导入区内重新放置棕球。

违规注释: 赛局在所有场上的机器人符合本规则的条件后开始。如果某台机器人不能及时满足这些条件,该机器人将被从场上移出。

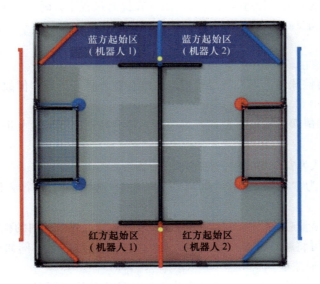

<SG2> 水平展开受到限制

一旦赛局开始,机器人可展开,但赛局任意时刻水平尺寸都不得超过 36in(914.4mm)。

1)该限制是指以竞赛场地为参照的"水平"展开(即该限制不"与机器人一起旋转")。例如在赛局中翻倒或在提升时改变方向的机器人仍受 36in 的水平尺寸限制。

2)机器人垂直展开没有尺寸限制。

裁判在赛局中做出判罚时,可用场地上的如下要素作为视觉参考:

1)一块泡沫垫的对角线(约 34in)。

2)从障碍杆到中立区的单条白色胶带线的距离(约 34.5in)。

3)球门底部的宽度(约 39.4in)。

下图所示为主裁判的视觉参考,用于判断机器人是否超出最大展开限制。

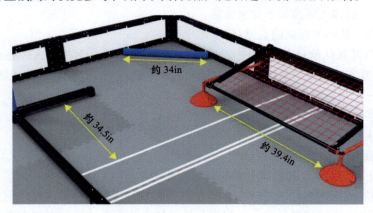

违规注释:

1)此规则的主要目的是限制防御性水平展开。因此,在对方的球门或赛局导入杆的附近水平展开的机器人,可能会受到规则 <G14> 的约束,且在任何裁判的判罚中都不会成为"判罚受益方"。

2)由于提升本质上是一种进攻性行为,因此在提升过程中,瞬时/意外的轻微违规,此规则的多数情况按"判罚受益方"处理。

<SG3> 保持粽球在场地内

赛队不得蓄意将粽球移出场外。尽管粽球可能会意外移开场地,但故意或重复此行为,则违反此条规则。

赛局过程中,粽球偶然或被蓄意离开场地后,将会被返回到场地上距离其离开场地处最近的赛局导入区内。

1)裁判会在其认为安全的时候,将粽球放回场地。

2)此行为不视为"赛局导入",即规则 <SG6> 不适用,例如粽球不得直接放置在机器人上。

3)尽管裁判会尽量避免,但仍可能会与已经放置在赛局导入区内的粽球发生意外接触。

4)如有必要,可将粽球放置在赛局导入区内的其他粽球之上,例如粽球已经完全覆盖了整个赛局导入区内的泡沫垫。

5)裁判也可以自行决定指示附近的赛队上场队员或其他志愿者将粽球送回特定的赛局导入区。然而,在未得到裁判允许的情况下,上场队员不得自行操作。

注:停在球门上方的粽球可以由站在球门附近操作手站位区内的上场队员取回。粽球则被视为取回该粽球联队的赛局导入物。此类瞬间的交互是规则 <G9> 的例外。

<SG4> 每台机器人有一个联队粽球作为预装

赛局开始前,每个联队粽球/预装须按如下要求放置:

1)只接触一台与其同色的联队的机器人。

2)同类预装不接触同一台机器人。

3)完全在场地围栏内。

<SG5> 远离球门上的网

与任何球门上的网发生纠缠，将视为违反规则 <S1> 或规则 <G7> 而被罚停。导致对方联队与网纠缠的行为，视为违反规则 <G15>，至少罚停双方相关的两支赛队。

此规则是规则 <G15> 的一个特殊例外。通常对于规则 <G15>，被迫违规（例如被推入网中）的机器人不会受到惩罚。然而，可预见球门的周围会发生大量的机器人之间的互动行为，并且纠缠极有可能造成场地损坏，因此无论是哪方的过错，任何发生纠缠的机器人都必须被罚停。赛队应对其机器人的行为和结构设计负责。

如果此情况发生在自动时段时，裁判应在自动时段结束后评估纠缠的严重程度。如确定场地损坏的风险很低，可以在手动控制时段开始时给予 5s "宽限期" 以解除纠缠。此例外情况仅由裁判自行决定，并且只能在手动控制时段开始前口头告知上场队员时才有效。如果赛队在 5s 后无法解除纠缠，则此规则生效且机器人必须罚停。

注：抬起网，以试图添加或移除粽球，视为违反规则 <SG5>，也可由裁判判定违反规则 <G7> 和规则 <S1>。

违规注释：

1）可预见的瞬间或偶然的接触，不会被判定为违规或罚停。只有当机器人与网纠缠并且裁判希望避免潜在的场地损坏时，才会调用该规则。

2）与此规则相关的罚停不视为重大违规。这是裁判预防安全问题和/或网损坏的一项措施。

3）故意、策略性或重复的轻微违规和/或罚停可能升级为重大违规，其由裁判决定。

4）罚停将持续到赛局结束，无论导致罚停的情况是否得到解决。

<SG6> 在特定条件下，赛局期间可以安全地引入赛局导入粽球

本规则中，"引入"指的是当赛局导入粽球不再与人接触且穿过场地围栏构成的立面的时刻。

赛局导入粽球可由上场队员通过如下两种方式之一导入：

1）将赛局导入物轻放入赛局导入区。如不违反其他规则，可在手动控制时段内的任何时刻完成。

① 不允许用"投掷""滚动"或其他方式向粽球施加能量，使其弹离赛局导入区。

② 请注意，赛局导入区指泡沫垫本身，不是三维空间。只要在不违反任何其他规则的情况下，将新的赛局导入物直接放置在泡沫垫上，则在任何时刻，赛局导入区中粽球的数量没有限制。

2）从联队站位区将赛局导入物轻放入/放上某台机器人。

① 该机器人须接触赛局导入区或赛局导入杆。

② 如果机器人仍处于赛局导入杆内侧边缘的立面内，则允许瞬间/意外不接触赛局导入区或赛局导入杆。

③ 规则 <S1> 和 <S2> 仍适用于此种情况，在此期间，机器人不得以任何理由展开到场地围栏外。

④ 以下行为不视为"将赛局导入物轻轻放在机器人上"，是被禁止的。

下列不恰当的、故意或重复的行为，可由裁判判定为对规则 <G9> 的违规。

a."投掷""滚动"或以其他方式在释放粽球后对其施加足够的能量，大部分情况下会被判定为"人为"。

b. 与机器人进行物理交互，例如向下推动机构（允许使用传感器感应粽球）。

c. 放置赛局导入物，使其与机器人以外的任何东西接触，例如场地围栏或灰色泡沫垫。

<SG7> 最多持有一个粽球

机器人一次持有的粽球不得超过一个。违反此规则的机器人须立即停止所有动作，除了试图移除多余的粽球。本规则适用于故意和意外的持有。

此规则的目的不是惩罚机器人推动阻拦其行进路线的粽球的行为，也就是说，机器人可以在持有一个粽球的情况下，自由穿越场地上的粽球。

<SG8> 在对方成对之前，远离对方的球门

当某方联队符合成对定义的期间，对方的机器人可以穿过成对联队球门的边界面，如移除粽球。

1）一旦该联队不再成对（即当一台或两台该联队的机器人回到场地另一侧或接触长障碍杆），此宽限结束。

2）禁止在其他任何地方进入对方的球门，这包括在对方结束成对状态后继续留在其球门内。

3）本规则适用于蓄意和无意的互动。赛队应对自己机器人的行为负责。

4）本规则仅适用于手动控制时段。自动时段的任何时间都不允许进入对方的球门。

如果某方联队只有一台机器人上场，则该联队无法满足成对的定义，因此他们的球门不开放与对方的互动。

违规注释：试图从对方的球门中移除粽球是一种有意的和防御性的动作。因此，规则<G14>适用于此类互动，在对双方机器人之间互动的临界情况进行判罚时，进攻方联队始终是"判罚受益方"。

下图中双方联队各有 1 台机器人在己方进攻区内，双方球门内的粽球都是安全的。

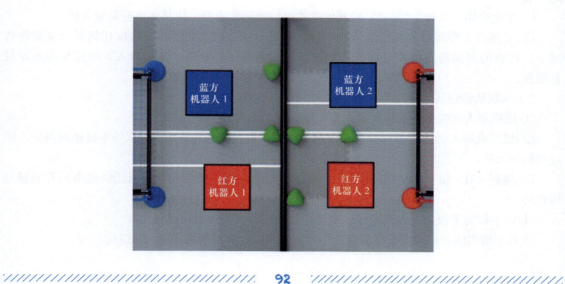

下图中 2 台红方机器人在蓝方进攻区内,红方的球门可被蓝方机器人消分。

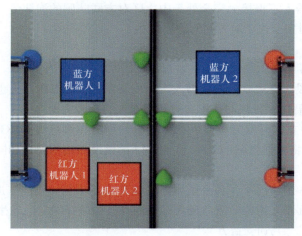

下图中 2 台红方机器人在红方进攻区内,红方的球门可被蓝方机器人消分。

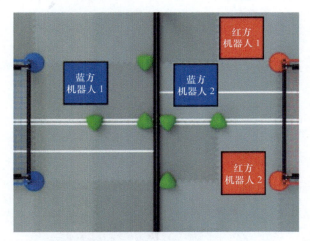

下图中 1 台红方机器人接触长障碍杆,红方联队不是成对状态,因此球门内的棕球是安全的。

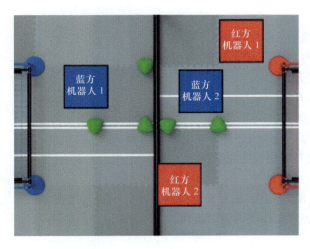

<SG9> 自动赛留在己方区域

自动赛时段，机器人不得接触完全处于中立区对方联队侧的泡沫垫、棕球或场地要素，也不能接触其起始赛局时完全位于对方侧的进攻区。

<SG10> 自动赛期间进入中立区，风险自负

任何在自动赛时段争夺中立区的机器人都应该意识到，对方机器人也可以这样做。根据规则 <G11> 和 <G12>，赛队在任何时候都要对其机器人的行为负责。

1）如果在争夺中立区时双方机器人相互接触，可能导致对规则 <G13> 的违规（即损坏、翻倒或纠缠），则裁判将根据规则 <G13> 和 <G14> 的情况做出判罚，如同在手动控制时段内发生此类互动一样。

2）在规则 <G14> 的情况下，各个区域始终定义为自动赛时段的"进攻"/"防御"角色。例如在下图中，2 台机器人均位于蓝色进攻区。因此，如果在中立区发生的互动需要裁判判罚时，蓝方机器人 1 将是"判罚受益方"。

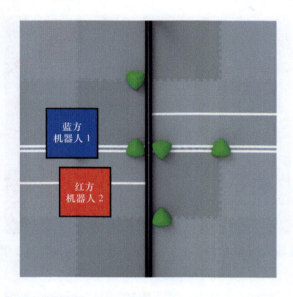

<SG11> 提升的机器人受到保护

在赛局最后 30s 内，机器人不得接触以下内容：

1）对方联队的提升杆。
2）已接触对方提升杆的对方机器人。
3）满足提升定义的对方机器人。

在赛局最后 15s 内，机器人还不得接触以下内容：

4）与对方联队提升杆相邻的短障碍杆。

违规注释：

1）根据上面 1）和 2）点，如果对方机器人不处于提升过程中，则大多数偶然或瞬间的接触不太可能影响赛局，只应该视为轻微违规。

2）如严重违规导致对方机器人损坏，或以其他方式严重阻碍对方的提升，如果对方联队在赛局中输了 20 分或更少，则应考虑违规影响赛局。

该规则旨在阻止与正在提升过程中的机器人进行潜在的破坏性防御互动。间接接触根据裁判的判定，也可能被视为对规则 <G1>、<G13> 或 <SG11> 的轻微或重大违规。这可能包括以下行为：

1）反复击打与对方提升杆相连的围栏。
2）反复击打对方提升杆附近的障碍杆。
3）向提升的机器人发射棕球。

6.6 机器人设计

6.6.1 底盘结构设计

底盘结构为 6 个电动机的设计，采用 11W 蓝色电动机齿轮箱，转速为 600r/min，齿数比为 36∶84，前后轮胎为 4.00in 万向轮，中间轮胎为 3.25in 防静电车轮。

万向轮速度：600 × 36/84 ≈ 257（r/min）

6.6.2 滚轮结构设计

滚轮结构为 1 个电动机的设计，采用 5.5W 电机，转速为 300r/min，齿数比为 60∶36，胶轮为 2in。

滚轮速度：300 × 60/36 = 500（r/min）

第 6 章 VEX VRC 挑战赛与机器人结构设计

6.6.3 弹射结构设计

弹射结构为 1 个电动机的设计，采用 11W 红色电动机齿轮箱，转速为 100r/min，齿数比为 24∶48，胶轮为 2in，24T 加强齿轮为磨平 7 个轮齿，保留 5 个轮齿，12 个轮齿为一组，二组齿轮采用同样的磨法。

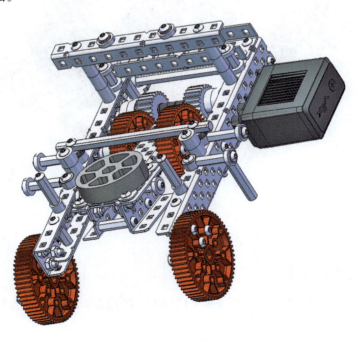

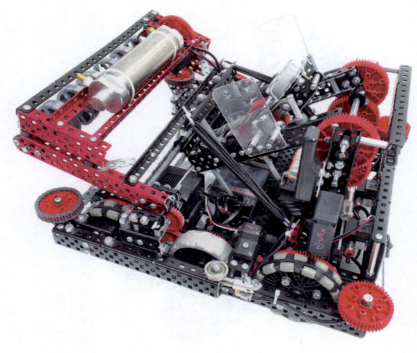

6.6.4 C 挂结构设计

C 挂结构采用 5.5W 电动机，二级减速（12∶60），减速为 1/25 利用橡皮筋拉力辅助进行升降。

6.6.5 气动系统设计

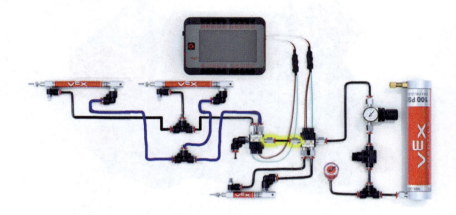

　　C挂气动锁止设计，当比赛时间停止后，退出程序，电动机没有动力锁住力臂，由于机器人在重力作用下会下降，因此无法完成提升。利用气动锁止功能，当C挂完成后，气缸收缩，螺母柱在皮筋拉力下卡住12T金属齿轮，完成锁止作用。

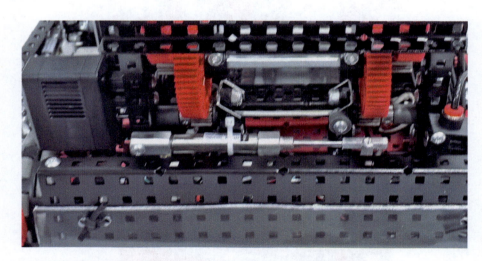

气动翅膀控制两侧翅膀打开与关闭。

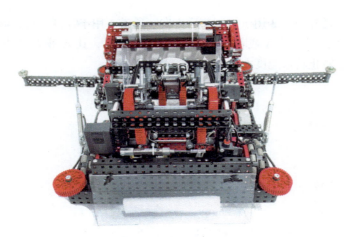

6.6.6 程序设计

（1）端口设置

1）电动机端口设置情况如下。

端口	1	2	3	11	12	13	6	10	20
名称	RightF	RightM	RightB	LeftF	LeftM	LeftB	Intake	shoot	Hinge
正反转	反转				反转	反转			
齿轮箱	6∶1	6∶1	6∶1	6∶1	6∶1	6∶1		36∶1	
功率	11W	11W	11W	11W	11W	11W	5.5W	11W	5.5W
功能	右上电动机	右中电动机	右后电动机	左上电动机	左中电动机	左后电动机	滚轮电动机	弹射电动机	C挂电动机

2）传感器及三线端口设置情况如下。

端口	15	A	G
名称	Inertial15	gua	Irtui
功能	惯性传感器	气动C挂	气动翅膀

（2）底盘程序：摇杆通道 3 用于控制前后方向，通道 1 用于控制左右方向。设置阈值保护，以防止摇杆发生偏移，当变量 A 或者 C 的绝对值小于 20 时，让 A 或者 C 为 0。变量 q 为左右转弯速度系数，用于防止转弯速度太快。

```
//底盘
A = Controller1.Axis3.position(percent);
C = Controller1.Axis1 .position(percent);
if (abs(A) < 20){
  A = 0;
}
if (abs(C) < 20){
  C = 0;
}
LeftF.setVelocity(A + q*C,percent);
LeftM.setVelocity(A + q*C,percent);
LeftB.setVelocity(A + q*C,percent);

RightF.setVelocity(A - q*C,percent);
RightM.setVelocity(A - q*C,percent);
RightB.setVelocity(A - q*C,percent);

LeftF.spin(forward);
LeftM.spin(forward);
LeftB.spin(forward);
RightF.spin(forward);
RightM.spin(forward);
RightB.spin(forward);
```

（3）滚轮程序：编写函数 ballin，形参为 speed，用于控制滚轮速度。当按下 L1 键时，控制正向速度与停止；当按下 L2 键时，控制反向速度与停止。

```
void ballin(int speed){
  Intake.setVelocity(speed,percent);
  Intake.spin(forward);
}

//吸球
if(Controller1.ButtonL1.pressing()){
  if(takein == 100){takein=0;}
  else{takein=100;}
  while (Controller1.ButtonL1.pressing()){}
}
else if (Controller1.ButtonL2.pressing()){
  if(takein == -100){takein=0;}
  else{takein=-100;}
  while (Controller1.ButtonL2.pressing()){}
}
ballin(takein);
```

（4）弹射程序：当按下 R1 键时，弹射电动机工作，等待 0.6s，为了 48T 齿轮与 24T 齿轮能咬合传动，当咬合到 24T 空的轮齿上可以弹射出去；当按下 R2 键时，弹射电动机停止。

```
//弹射
if (Controller1.ButtonR1.pressing()){
  shoot.setVelocity(70,percent);
  shoot.spin(forward);
  wait(0.6,seconds);
}
else if(Controller1.ButtonR2.pressing()){
  shoot.setStopping(coast);
  shoot.stop();
}
```

（5）C 挂程序：当按下 X 键时，提升电动机抬升力臂；当按下 B 键时，提升电动机下降力臂。

```
//C挂
if(Controller1.ButtonX.pressing()){
  Hinge.setVelocity(100,percent);
  Hinge.spin(forward);
}
else if (Controller1.ButtonB.pressing()){
  Hinge.setVelocity(100,percent);
  Hinge.spin(reverse);
}else{Hinge.stop();}
```

（6）气动程序：当按下 Left 键时，两侧翅膀打开；当按下 Right 键时，两侧翅膀收回。当按下 Up 键时，C 挂气缸收回锁止齿轮。

```
//翅膀
if(Controller1.ButtonLeft.pressing()){
  lrtui.set(true);
  }else if(Controller1.ButtonRight.pressing()){
  lrtui.set(false);
  }
//C挂锁止
if(Controller1.ButtonUp.pressing()){
gua.set(true);
}else if(Controller1.ButtonDown.pressing()){
gua.set(false);
}
```

附录

搭建步骤图

滚筒分装

分解图示

装配图示

1
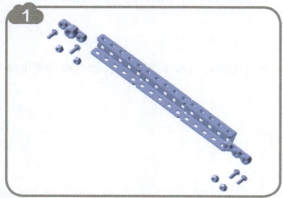
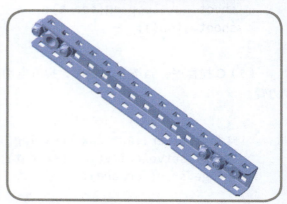

2
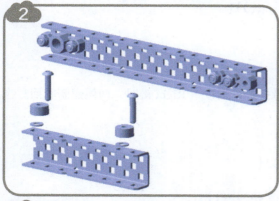
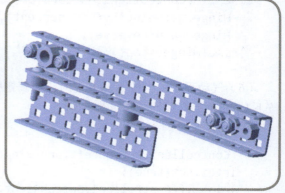

3
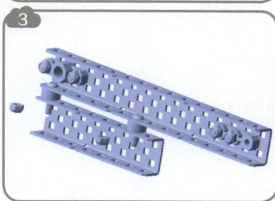
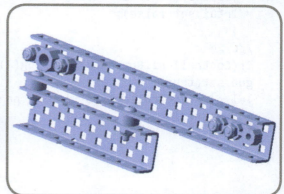

附录 搭建步骤图

④
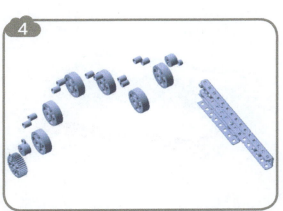
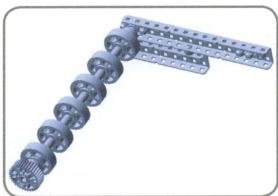

⑤
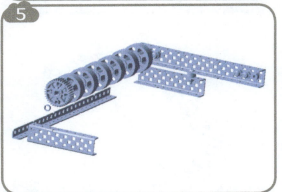
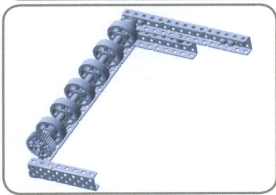

⑥
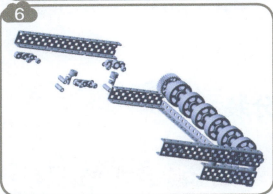
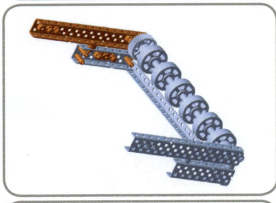

⑦
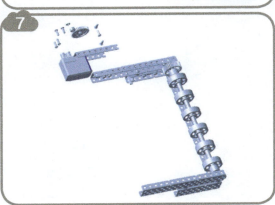
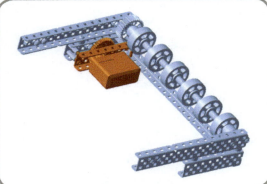

VEX VRC 机器人快速入门教程

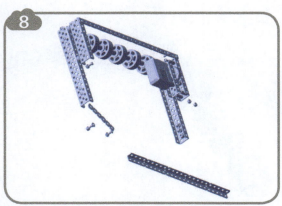

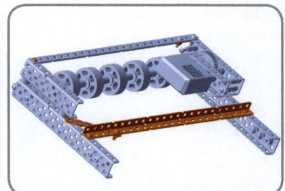

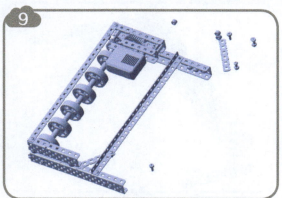

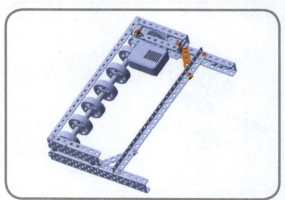

弹射分装

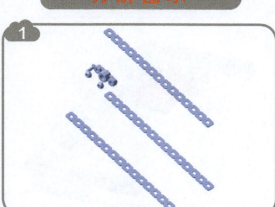

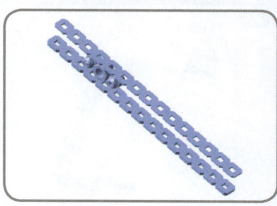

附录 搭建步骤图

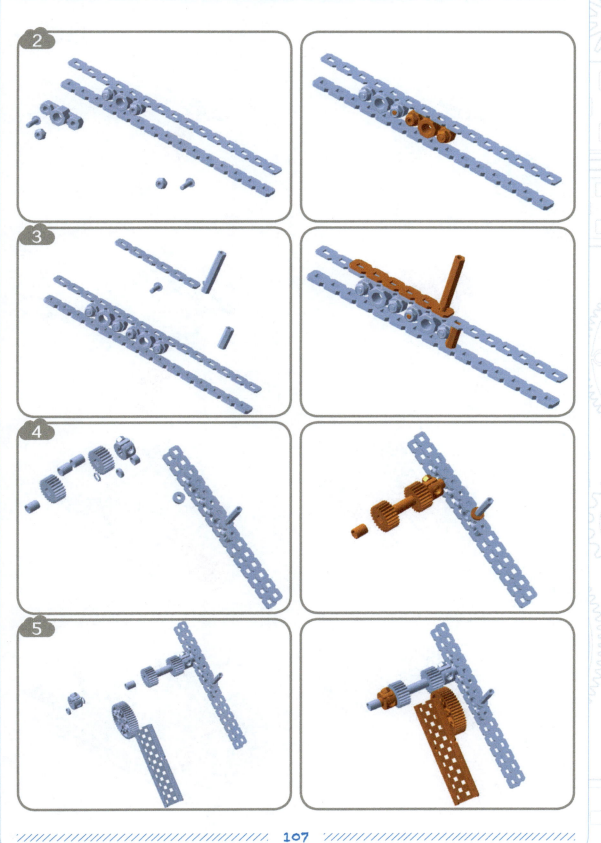

VEX VRC 机器人快速入门教程

附录　搭建步骤图

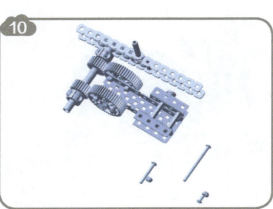

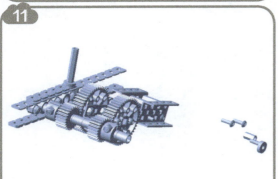

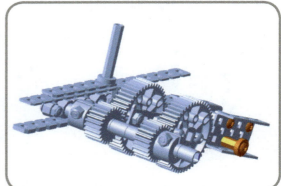

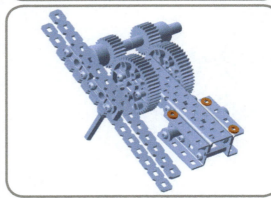

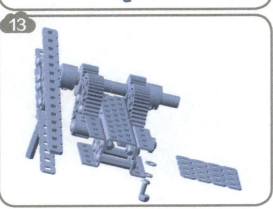

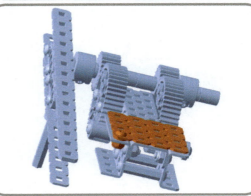

VEX VRC 机器人快速入门教程

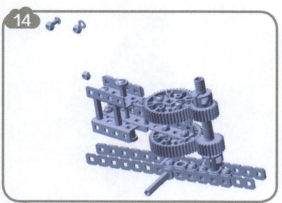

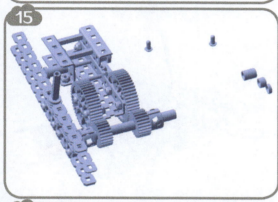

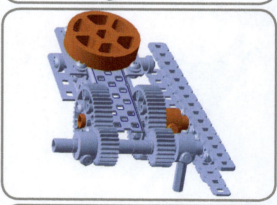
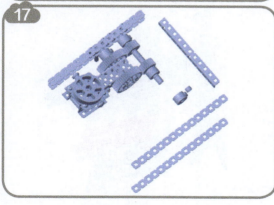
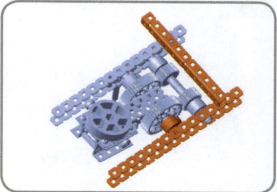

附录　搭建步骤图

18
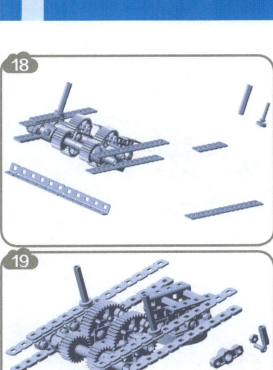

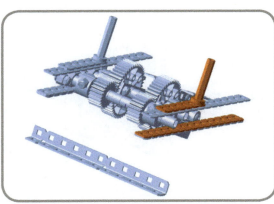

19

20
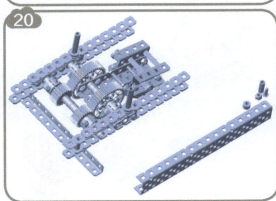

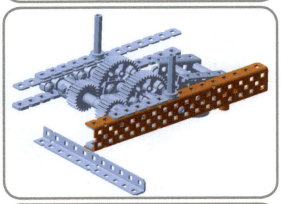

21

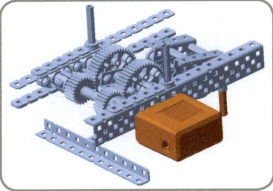

VEX VRC 机器人快速入门教程

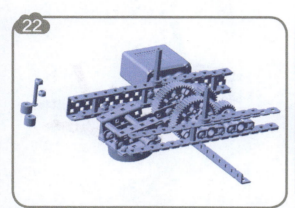

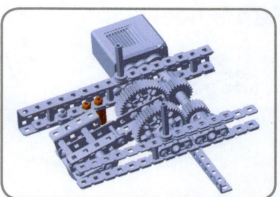

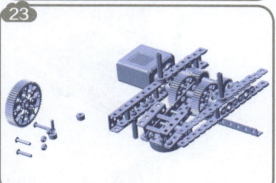

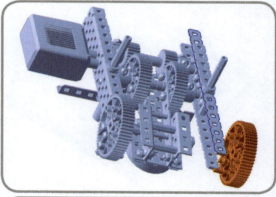

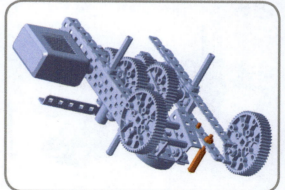

附录　搭建步骤图

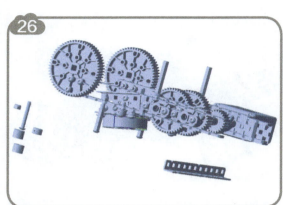

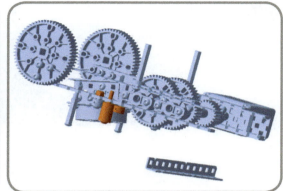

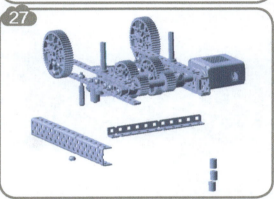

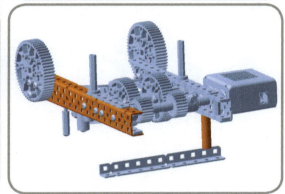

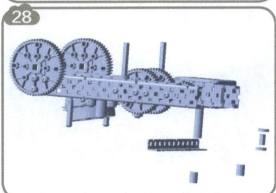

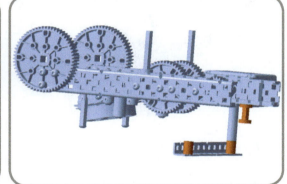

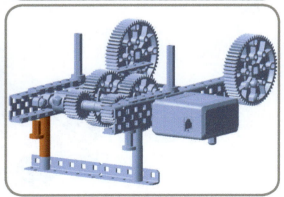

30
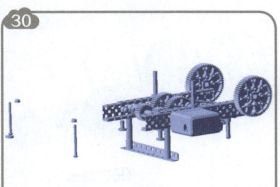

31
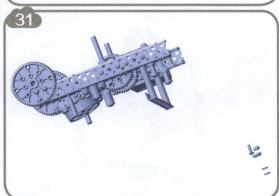
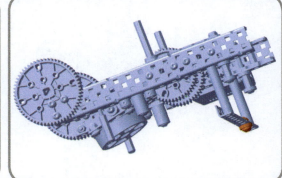

32
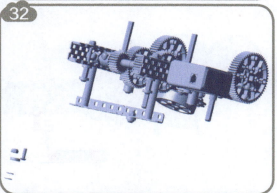
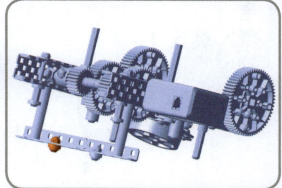

33
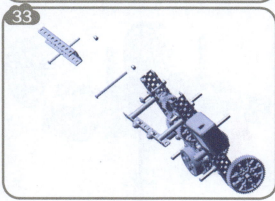
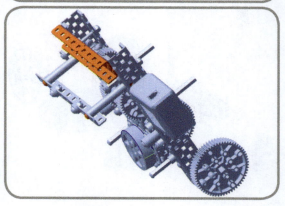

附录　搭建步骤图

34

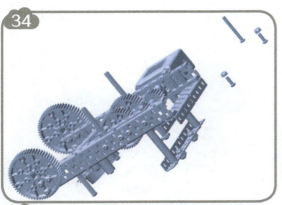
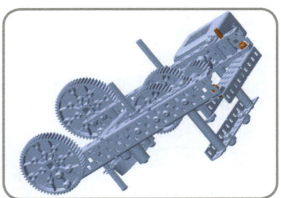

35

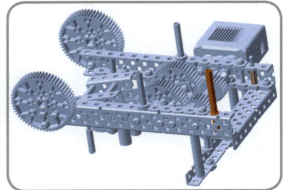

36

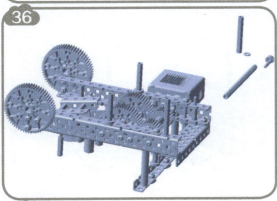
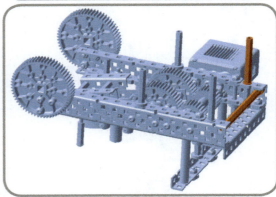

37

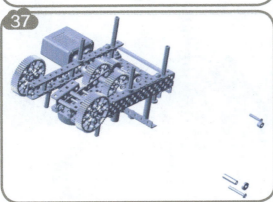
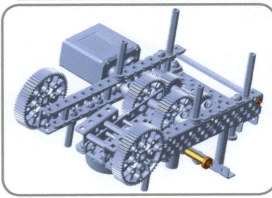

VEX VRC 机器人快速入门教程

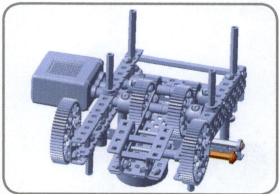

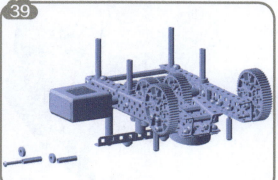

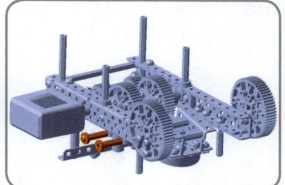

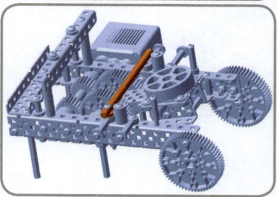

附录 搭建步骤图

42

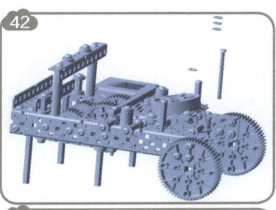
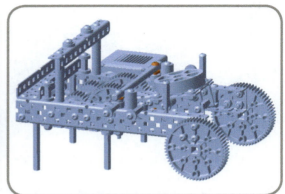

43

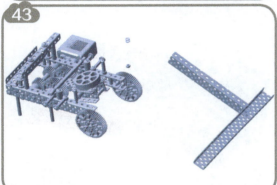
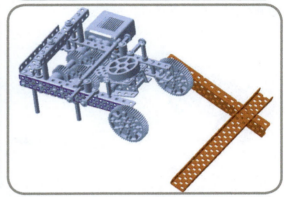

44

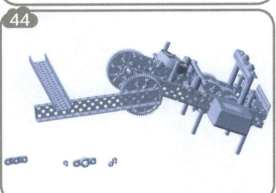
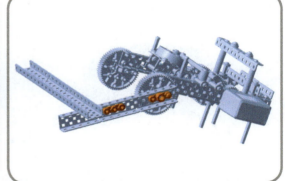

45

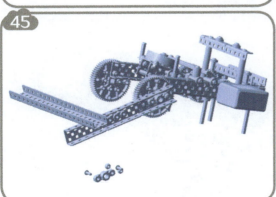

VEX VRC 机器人快速入门教程

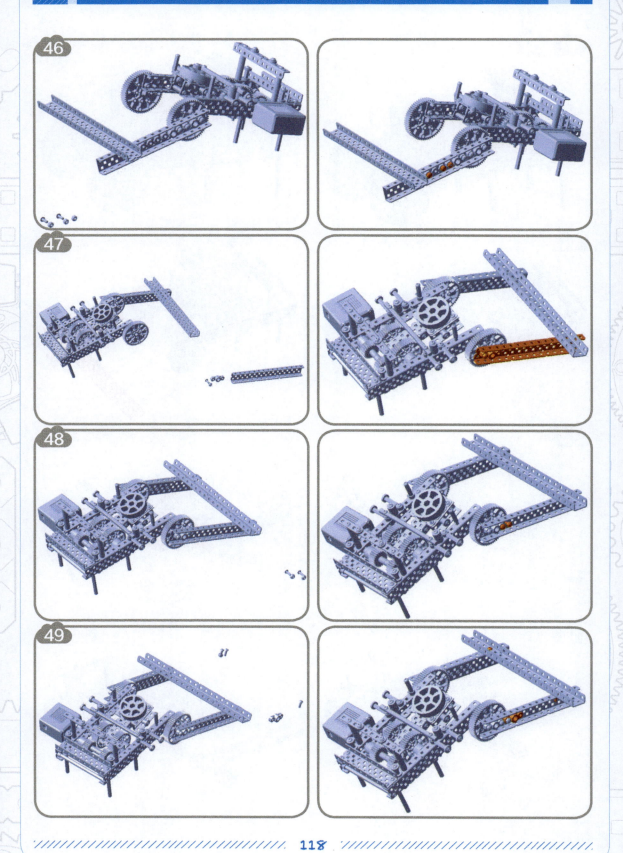

附录 搭建步骤图

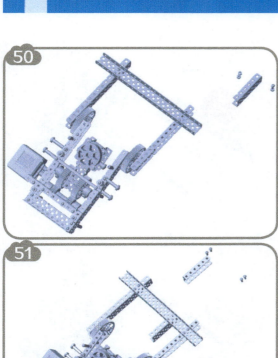
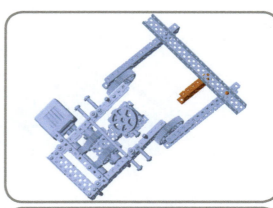
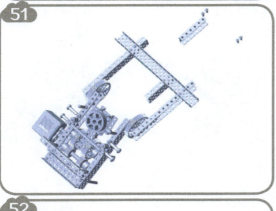
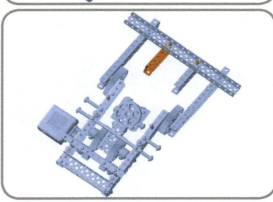
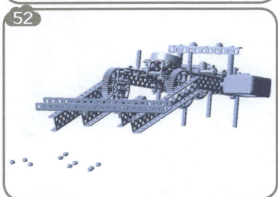

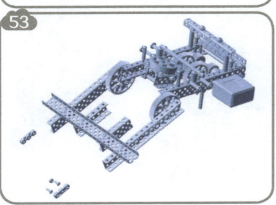
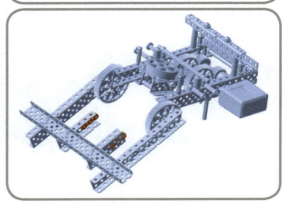

VEX VRC 机器人快速入门教程

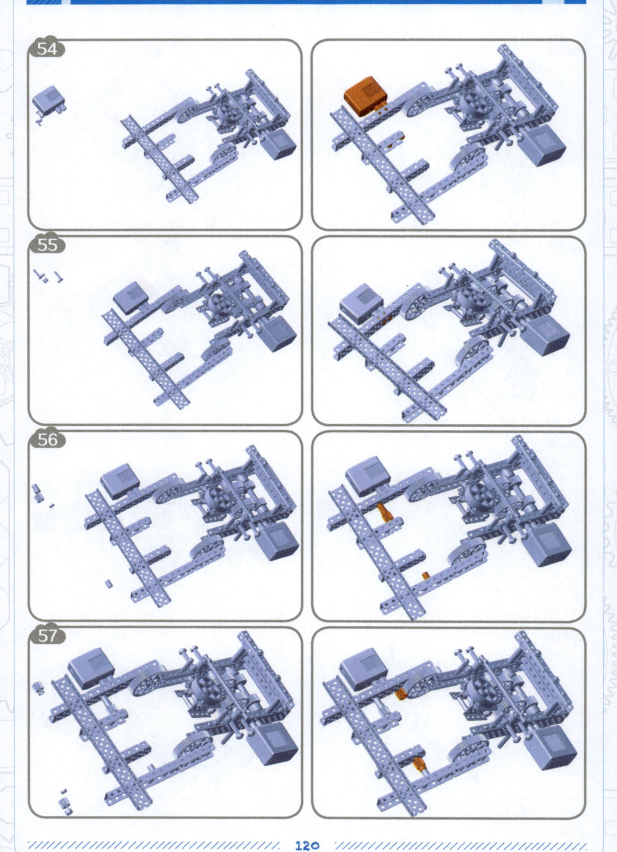

附录 搭建步骤图

58
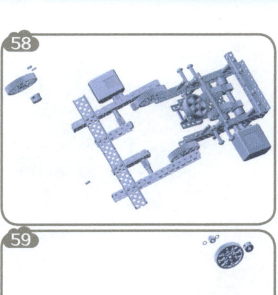
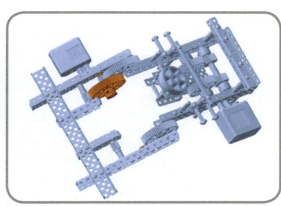

59
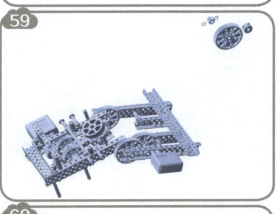
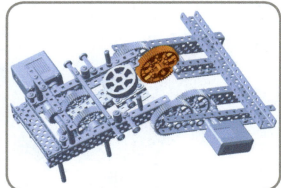

60
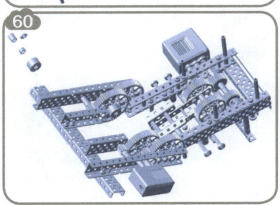
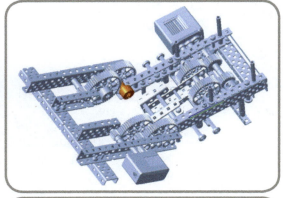

61
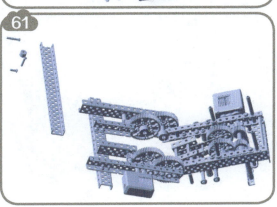
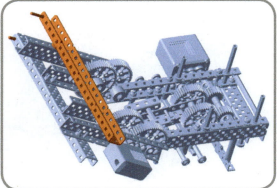

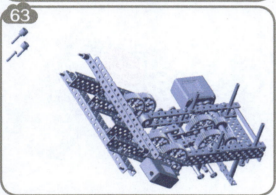
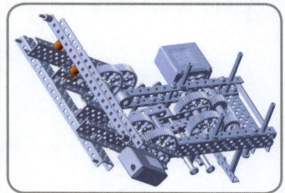
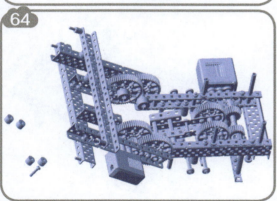

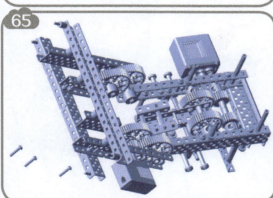
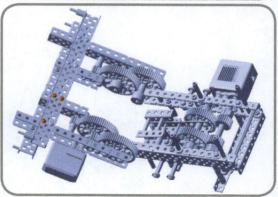

附录 搭建步骤图

底盘分装

分解图示

装配图示

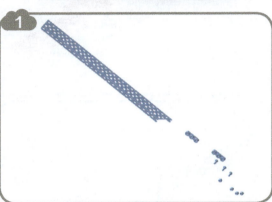

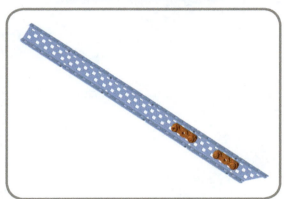

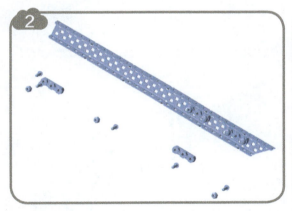

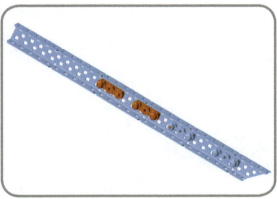

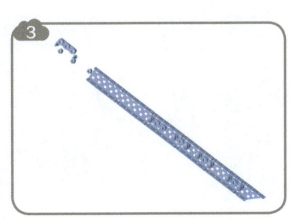

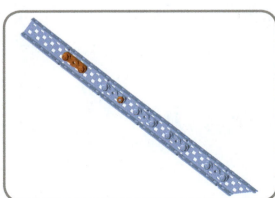

VEX VRC 机器人快速入门教程

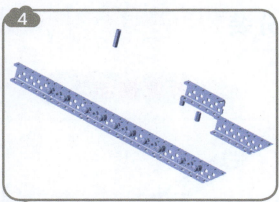

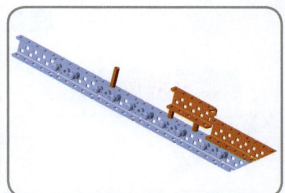

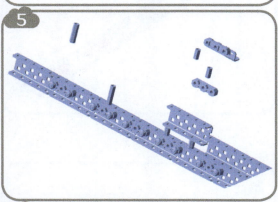

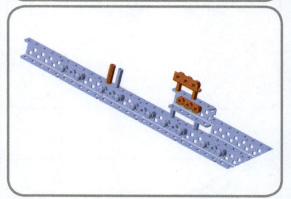

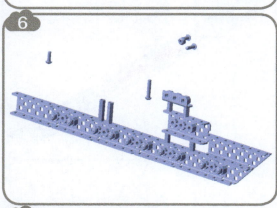

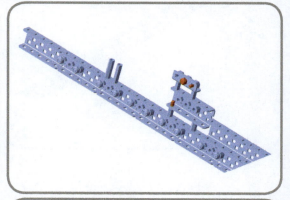

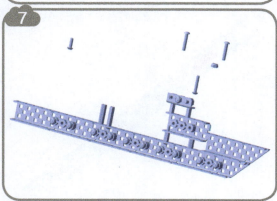

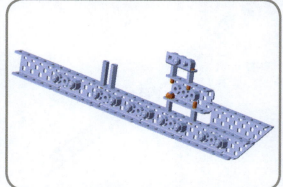

附录 搭建步骤图

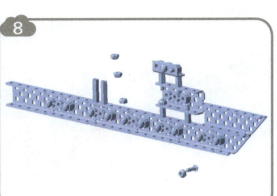
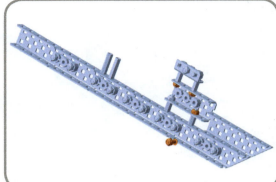
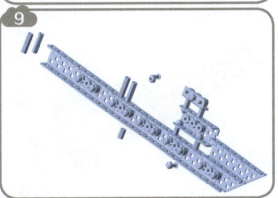
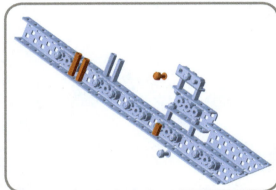
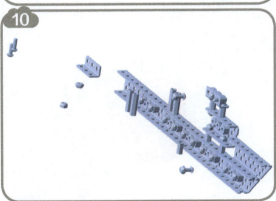
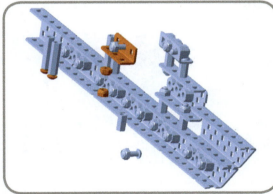
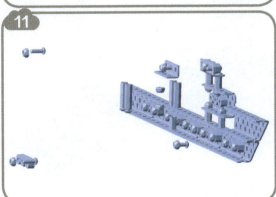
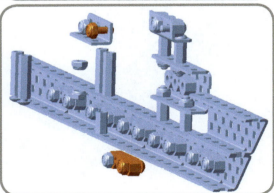

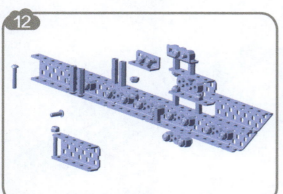
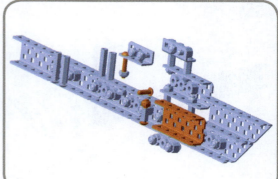
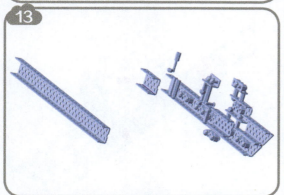
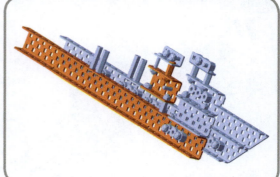
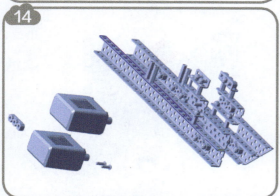

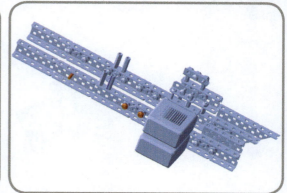

附录 搭建步骤图

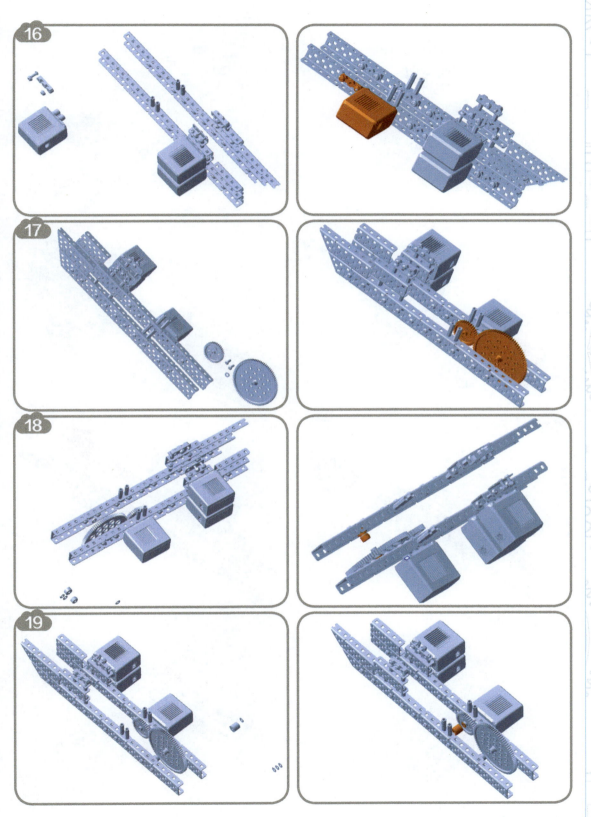

VEX VRC 机器人快速入门教程

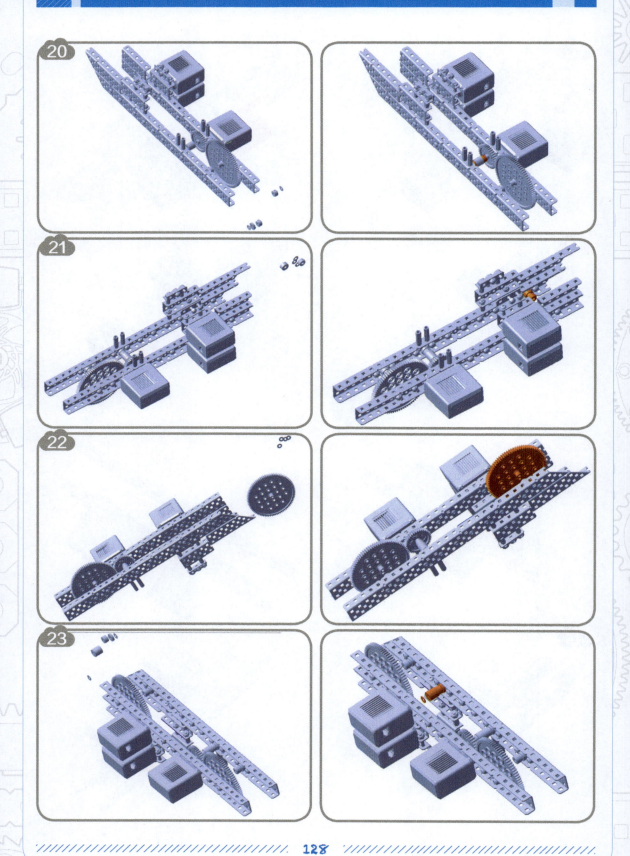

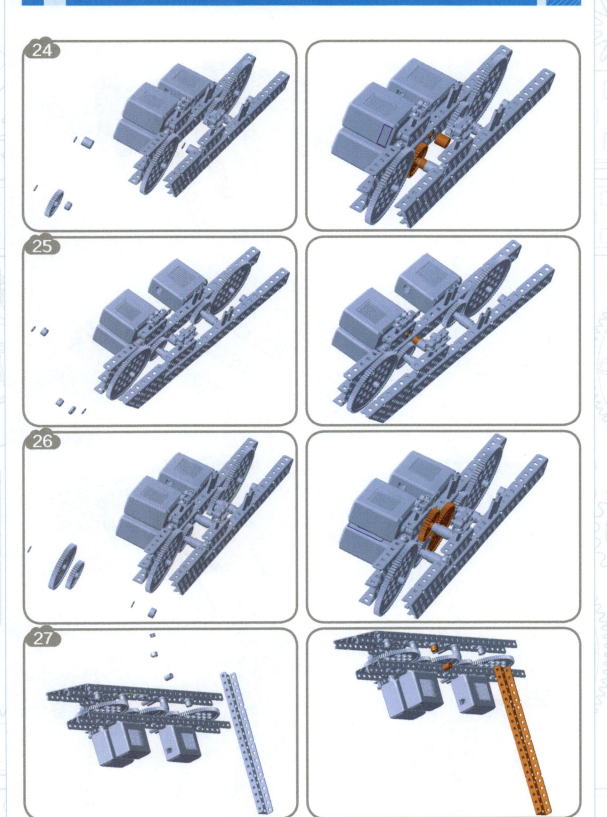

VEX VRC 机器人快速入门教程

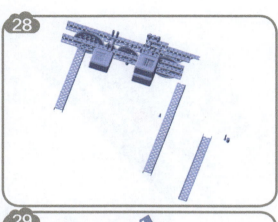

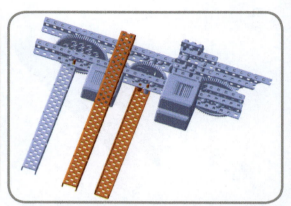

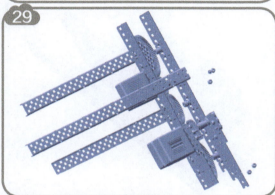

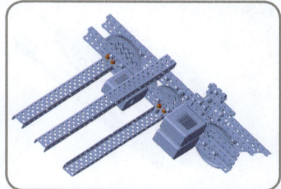

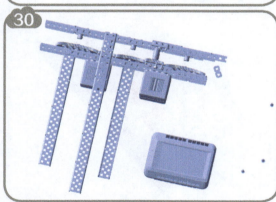

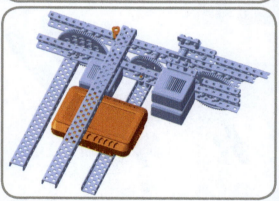

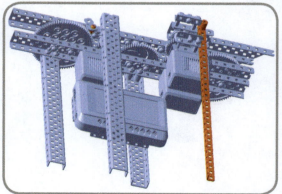

附录 搭建步骤图

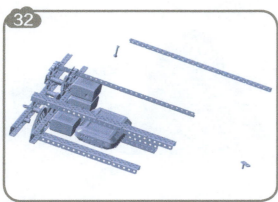
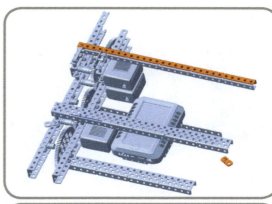
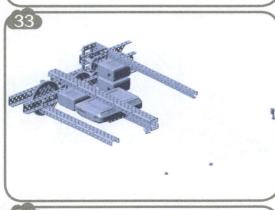
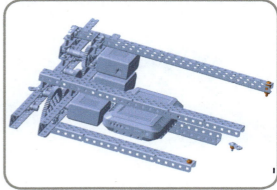
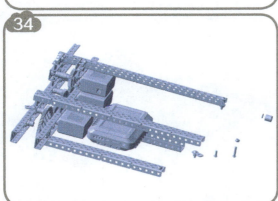
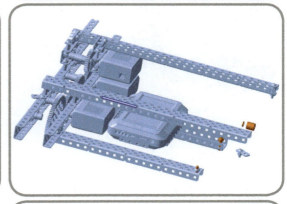
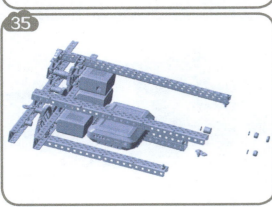
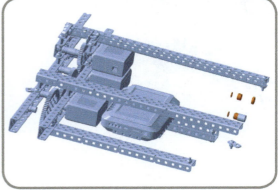

VEX VRC 机器人快速入门教程

36
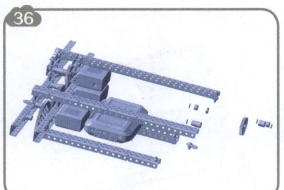
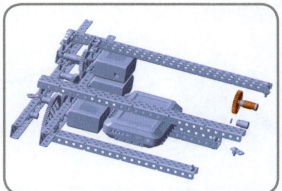

37
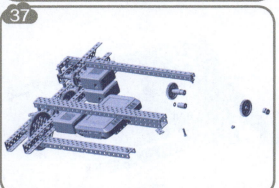
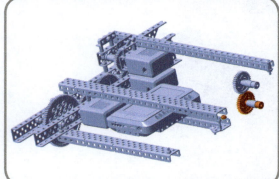

38
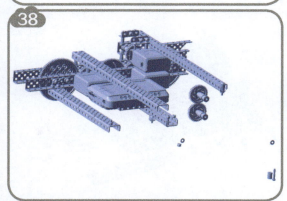
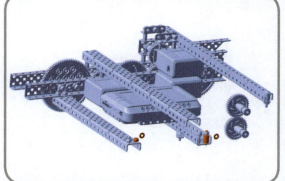

39
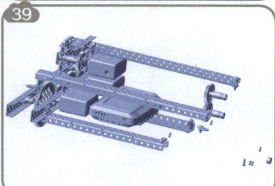
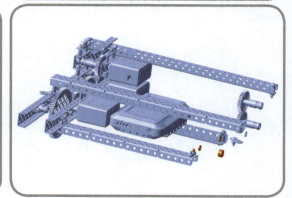

附录 搭建步骤图

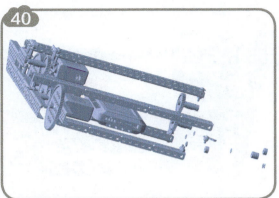
40

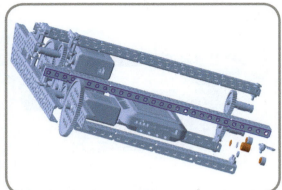

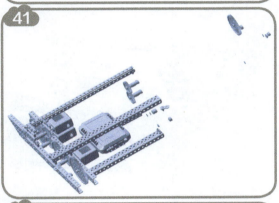
41

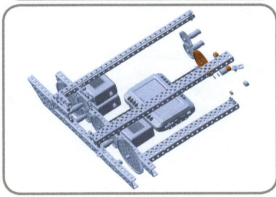

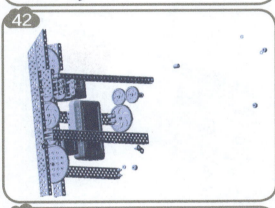
42

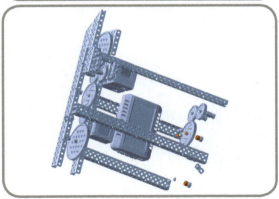

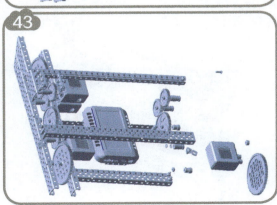
43

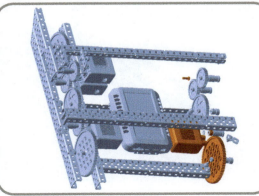

VEX VRC 机器人快速入门教程

44
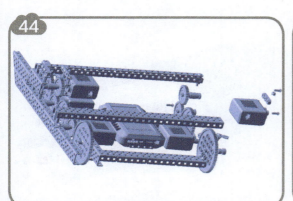
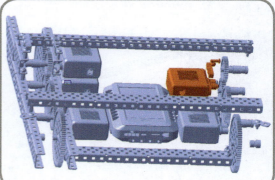

45
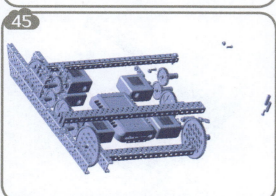
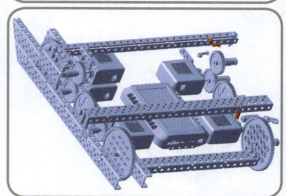

46
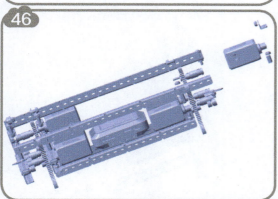
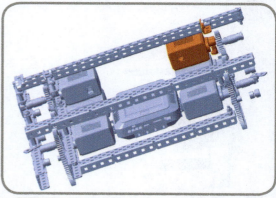

47
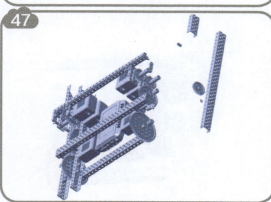
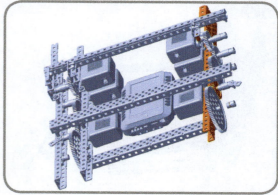

附录 搭建步骤图

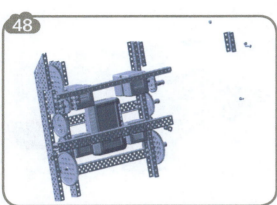

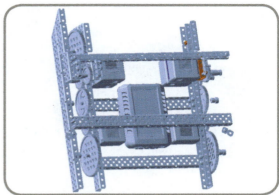

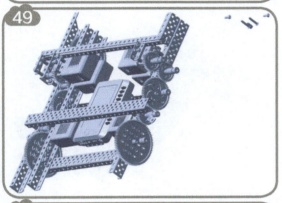

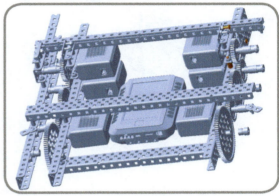

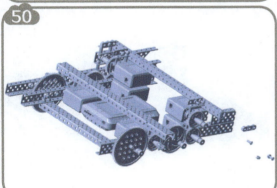

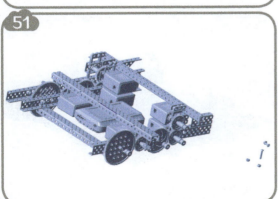

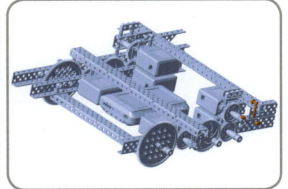

VEX VRC 机器人快速入门教程

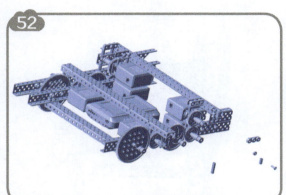

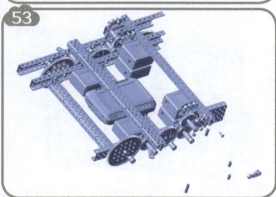

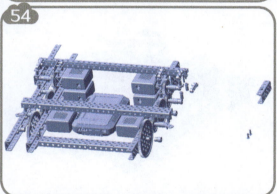

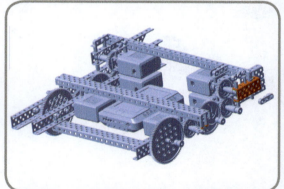

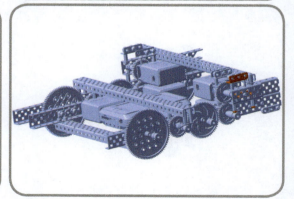

附录 搭建步骤图

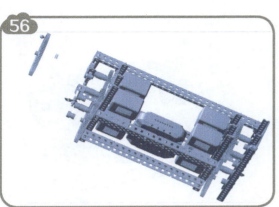
56

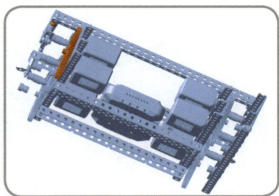

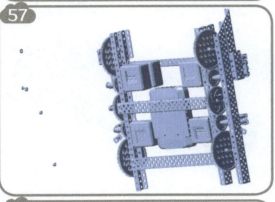
57

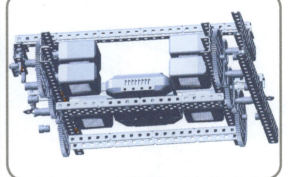

58

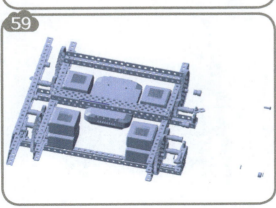
59

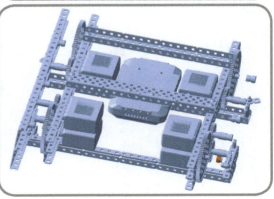

60
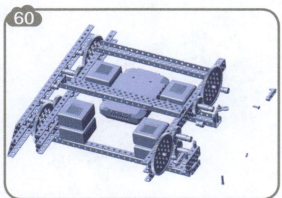
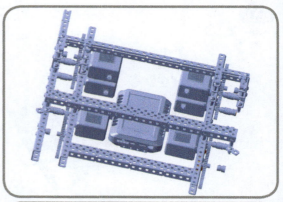

61
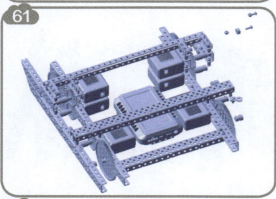
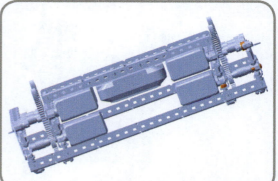

62
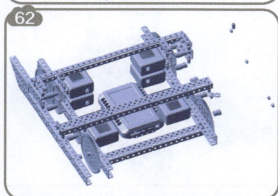
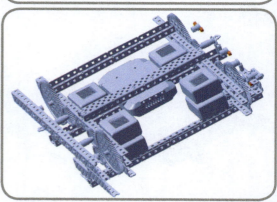

63
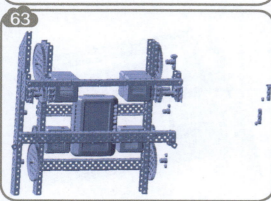
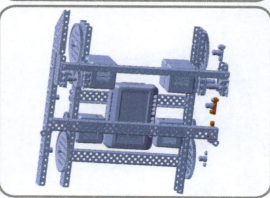

附录 搭建步骤图

64
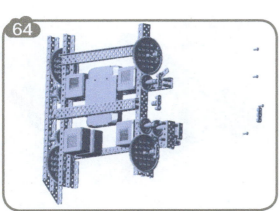

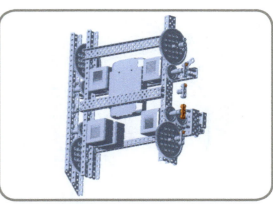

65
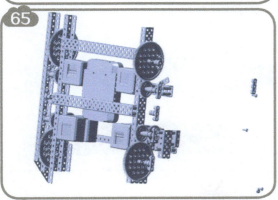

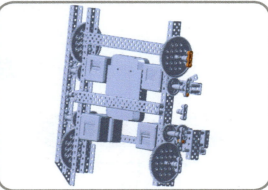

66
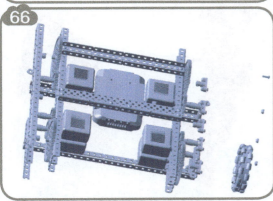

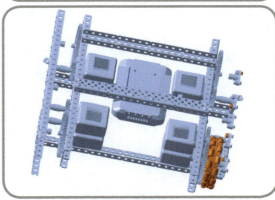

67
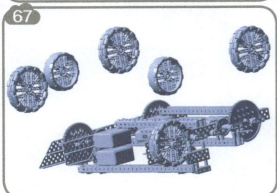

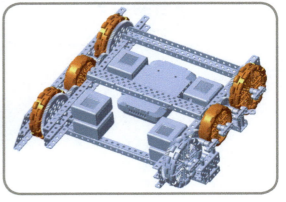

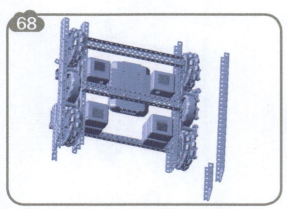 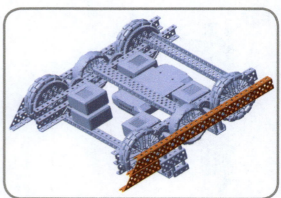

总装

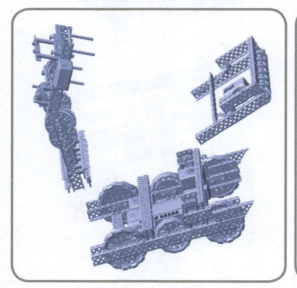